有貓的風景

17則與貓幸福相伴、溫暖人心的故事。

佐竹茉莉子 著
淺田Monica 譯

前言

從我有記憶開始，貓就一直在我身邊。

明明很怕生的我，卻是個喜歡四處亂逛，馬上就能和貓咪們變成好朋友的小女孩。

從很久以前到長大之後依然如此。

開始從事獨立撰稿者的工作後，多了許多到訪各個鄉鎮的機會，採訪結束後，在當地的商店街、小巷弄或者漁港等肆意閒晃，偶遇貓咪們就成了我最期待的事。不知不覺中也開始拍起了充滿個人風格的照片。

一和貓咪玩起來，附近的人們便會來與我搭話。

「你肯定很喜歡貓吧。這隻貓平時不怎麼親人的呢。」

接著更會談起貓咪們的成長歷程或者人生小故事。

慵懶的貓咪身邊，就有慵懶的人；溫柔的貓咪身邊，通常也就有溫柔的人。

而無論怎麼樣的貓咪，身後都有著不為人知的故事。

貓明明和人類一樣，經歷著生離死別，卻永遠看起來那麼灑脫。遇見的貓愈多，我對貓產生的同理心與敬愛之情也愈發增長。

這本書是我在辰巳出版（日本原出版社）第四本有關貓咪的書了。

本書有九話取自九年前從 Felissimo 貓部成立開始，每週一回的連載「街貓日記」；四話取自即將兩週年的朝日新聞網網站 sippo 上的每月連載「有貓的風景」。內容經重新取材拍攝後整理使用。

另外還有四則新加入的故事。

主題是「依偎」。

不只是人與貓，同時也集結了貓與貓、貓與狗，以及人與人相互依偎的風景。貓咪的故事背後，必定也有著與其相依偎的人類的故事。

思及其他形單影隻的貓咪們，不禁心想我們還能做些什麼，並將這份想牽起貓與人心的意念，注入字句，注入書中。

佐竹茉莉子

目次

episode 1

野貓來了！

來自竜美大島森林中充滿野性的貓咪，在被捕獲與認養後，千里迢迢地來到東京。
到底牠能不能順利地成為一隻家貓呢？

照片中是一隻耳朵與鼻頭有著黑色斑塊的年輕白貓，正一臉放鬆地斜躺在動物醫院裡浸濕的流理台內。

認養公告上的這張照片旁加註了一段文字：「從竜美大島來的野貓」。友惠歪了一下頭。

「野貓？這是最近大家稱呼流浪貓的方式嗎？」

感覺好像是個有趣的孩子呢。友惠的心就這樣被這隻暫名為「小湯灣」的貓咪給擄獲了。

Moko 醫生提供

在動物醫院相會時，友惠才知道，原來野貓指的是在森林或山中獨自生活，不曾與人接觸過的野生貓咪。

為了保護鹿兒島縣竜美大島上稀有的琉球兔（竜美野黑兔），將捕其為食的「野貓」驅逐的行動，因此展開。

捕獲的貓咪們會被送到野貓收容中心，一週後如果無人認

養，就會處以安樂死。

小湯灣也是其中一隻。當時牠才剛被「竜美貓咪搬家應援團」的團長 Moko 獸醫救出，輾轉來到東京不久。

因竜美的湯灣岳而來的名字，就這樣跟著小湯灣一起來到了友惠的家。

一到新家，小湯灣就開始不停地舔著友惠及丈夫的手、耳朵還有臉。不僅如此，甚至是椅子、櫃子，小湯灣也是舔個不停。彷彿像是嬰兒藉著舔東西在認識這個世界一樣。

從森林到水泥叢林。宛如一場奇蹟大冒險。

又舔、又跳、又咬，小湯灣忙得不得了。不知道人類是什

友惠小姐提供

麼，也就意味著沒有被人類欺負過的經驗。正因如此，才能輕易地與人接近。

友惠只要一開始做飯，小湯灣就會跳到她的肩膀上不停地盯著她的手瞧。

也許因為在森林裡，不一定每天都有飯吃，偶爾只能喝水充飢的緣故，小湯灣特別喜歡喝水。

「沒想到貓是那麼愛撒嬌的動物呢。」

「一整天跳來跳去、玩來玩去、不停撒嬌。真的好可愛。」

被小湯灣天真浪漫到不可思議的性格耍得團團轉的夫妻倆，今天也是笑眼瞇瞇。

與家人居住在千葉縣，推測

目前一歲的小柚木，也是Moko醫生從野貓收容中心救出的貓咪之一。

當時家裡的人，正為了次男櫻大在後院撿到的貓咪小紅豆找玩伴。

此時剛好在網路上看到一隻只比小紅豆大幾個月的貓咪。

那張照片旁標註著「野貓」，媽媽幹子上網查了意思之後，興起了想要收養的念頭。

即便心中略有一絲不安，擔憂貓咪的野性是否會對小紅豆造成傷害，一家人仍舊去見了小柚木。

還好那隻貓咪不僅表現沉穩，甚至友好到會自己坐上人的膝蓋。

被帶回家並命名為「小柚木」的帥野貓，很快便適應了家裡的生活，和小紅豆也像是兄妹一般感情融洽。

小紅豆進行絕育手術不在家的那晚，小柚木情緒低沉到連飯都沒吃。直到小紅豆回家，才開心地替牠理毛理個不停。

「明明聽說是野生動物，卻那麼溫柔，真的是嚇了好大一跳呢。」大兒子凌大表示。

有緣今生為兄妹。小柚
木是最值得信賴的妹控
哥哥。臉是不是也變得
相似了呢？

達也先生提供

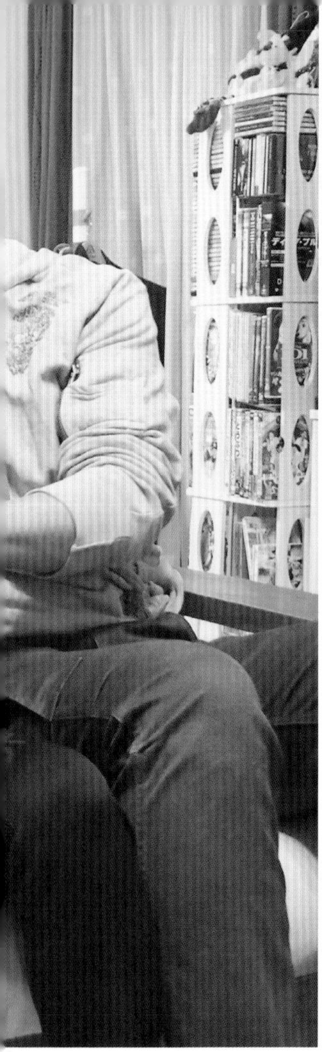

「好不容易誕生在這世界上，卻突然被捉起來，如果沒人認養的話，一生就這樣結束了……太可憐了。」家中最喜歡貓咪的櫻大哽咽地說。

看著和樂融融、相互依偎的兩隻貓咪，爸爸達也靜靜地說：「雖然被稱為野貓，但也能這樣和人類還有先來的貓咪相處融洽。我希望有更多家庭願意收養被捕捉的野貓們。」

竜美的野貓，追根究柢其實都是被人類帶到島上，被拋棄、迷失，最後進入森林裡不得不自力更生的貓咪們的後代。「破壞生態系的害蟲野貓」，不過是人類擅自加上的稱呼罷了。

在森林中被母貓用心呵護長大的野貓，如今遠離故土，展開新生活。

每個人，都找到了溫暖的家。

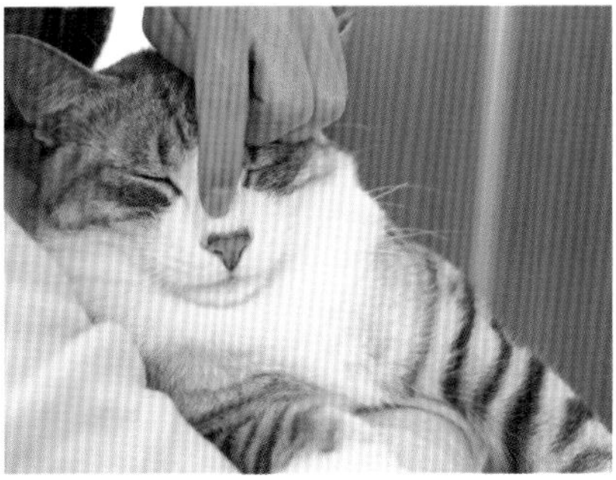

episode 2

我媽媽是一隻狗

物種不同，感情卻比誰都還要好的母女檔，媛子與日奈子。
一貓一狗相遇成為母女的故事，要從那個早晨說起……。

廠房裡滿是國產天然木的香氣，今天的日奈子也沉浸在探險中。

「咦？日奈子跑哪去了？」如果被爸爸榮一這樣一問，媛子會立刻帶著爸爸去找日奈子。

無論什麼時候，目光總是追逐著愛女的媛子，最清楚日奈子的動向了。看似要做危險的行為時，媛子便會「唔～～」地低吼，無時無刻不認真教養著愛

女，因此沒什麼好擔心的。

一旦愛女從視線中消失，便會焦急尋找。被「喵（媽咪，過來一下）」的一聲呼喚時，便會火速前往。

媛子是一隻五歲的黑柴。

日奈子是一隻三歲的白貓。

每天早上，一狗一貓會親暱地搭上副駕駛座，從家裡前往工廠。

雖然是不同物種，但卻是從早到晚黏在一起的親暱母女檔。

兩人的相遇，要從三年前那個春天的早晨說起。

當時兩歲的媛子，正與媽媽和枝享受著每天早上例行的散步。

抵達熟悉的公園時，只見石牆旁有一大群烏鴉聚在一塊。

突然間，媛子開始用力地拉扯牽繩，並衝往烏鴉群，接著毫不猶豫地往中間一跳，趕走了烏鴉們。平時溫和的媛子，對烏鴉完全沒興趣，絕對不可能會有這樣的舉動。

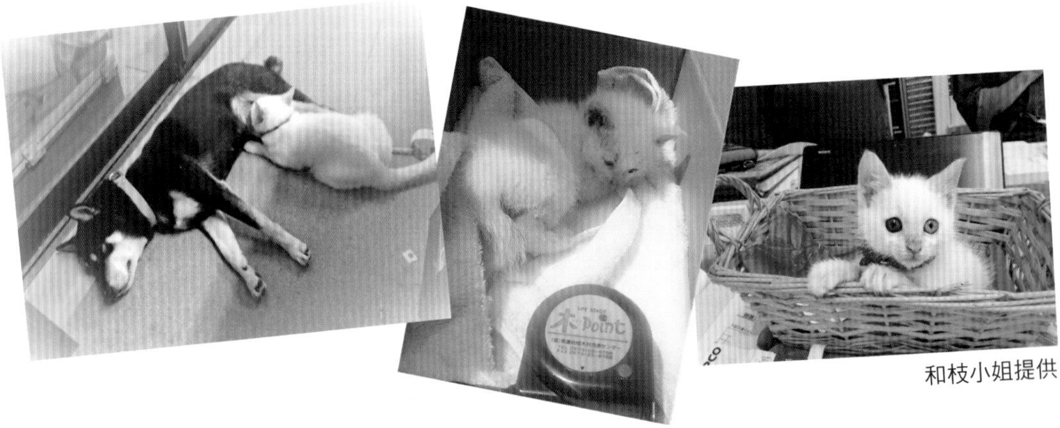

和枝小姐提供

烏鴉散去後，石牆下是一隻死命往裡頭鑽的小貓。

全身雪白，看起來約莫半個月大。昨天經過公園時還沒看見，肯定是才剛被拋棄不久。

和枝將小貓抱了起來。小貓的左後腳似乎受到烏鴉啄食，只剩下骨頭而已。

帶著小貓與焦急地望著小貓的媛子，和枝匆匆忙忙地趕了回家。

「有小貓的聲音」榮一聽到聲音也醒了。「我們家有狗，沒辦法養貓吧。」嘴巴上雖然這樣說著，但看見小貓的狀況，也不禁擔心地皺起了眉頭。

和枝用毛毯包著小貓準備前往醫院，後頭緊跟著眼神裡寫著

「你要帶牠去哪裡」心急如焚的媛子。

小貓的左後腳，最終被判定必須接受膝關節以下切除的大手術。住院期間，和枝與媛子一起到醫院探病，媛子朝著籠子裡的小貓，不斷地發出「嗯嗯嗯嗯」的聲音，像是在哄著嬰兒一般。

小貓回家後媛子甚是開心，也開始了寸步不離的照顧。

舔拭小貓的肛門幫助排泄，與按壓著自己乳房的小貓挨著睡，到最後竟然真的流出了母乳。

小貓若是不小心尿在地上，媛子也會趕緊舔掉，裝做什麼事都沒發生。

「這孩子什麼壞事都沒做

喔。是個非常棒的孩子呢，不如就收留她吧」媛子彷彿這樣說著。

原本想等小貓痊癒，幫牠找認養家庭的榮一與和枝，最後也敗給了媛子。

想把兩人分開，已經是不可能的事了。

取名為「日奈子」的小貓，在媛子的庇護下，茁壯地成長。

全身雪白的毛髮，隨著時光的流逝多了一點奶茶色，眼睛則是美麗的異色瞳。

不過媛子決不是一味溺愛的母親。

如果出現危險的舉動，或者惡作劇過頭時，媛子也會低吼訓斥孩子。

日奈子雖然少了一條腿，但在媛子身旁，沒有一絲不便，平安順遂地生活著。

最近愈來愈想獨立的日奈子，總是喊著：「媽咪不要管我！」，偶爾還對媽媽使出可愛的貓拳。說歸說，不消一會兒，又見牠黏著媽媽撒嬌。

媽媽偶爾也會對想要引起注意、不停無理取鬧的日奈子輕聲罵道：「你給我差不多一點。」

無論哪一種，都是感情好到不行的日常光景。

有時候，日奈子也會繫上牽繩，一起到公園散步。因為貓咪散步很少見，所以其他的狗會馬上聚集過來。

此時，媛子一定會站到中間，警告著其他同類。即便是平時友好的朋友也一樣。

「不准對我家女兒出手，好像是在這樣說。日奈子永遠是最珍貴最珍貴的寶物。」和枝笑著說。

即使現在已經那麼大了，日奈子偶爾還是會揉揉母親的乳房。

「我家的狗生了一隻貓呢。」

榮一對出入工廠的人們這樣說道。

episode 3

1＋2＝3兄弟

「貓咪們如果無法和平共處，婚就別結了。」

雙方都同意之後，兩隻貓跟著入住，同居生活就此展開。

知子小姐提供

祐一朗與知子因為在市中心同一家公司的同一個部門工作而相識。原本只聊過公事的兩人，關係在四年前突然急速發展。

一切必須歸功於貓。

當時剛收編了一隻小貓的知子，向有養貓經驗的祐一朗請教問題。

知子養的貓叫作小光，額頭和尾巴帶黑色，下巴和尾巴又帶點茶色。有點類似極為罕見的「雄性三花貓」。

祐一朗當時則養了兩隻認養的貓咪。

大約六年前，有朋友撿到被丟棄的小貓，便發訊息問他：

祐一朗先生提供

「你要不要養？」。「好啊」才剛說完，朋友又發來訊息：「我在別的地方又撿到了一隻，這兩隻相處地很融洽，你要不要兩隻一起認養？」

祐一朗再度回覆道：「好啊。」

在一個夏日天空下，兩隻貓咪一同來到了家中，黑白色的公貓被命名為小夏，另一隻橘白色的公貓則叫作小空。

知子的小光作為獨生子，祐一朗的小夏與小空則作為感情融洽的兄弟，自由地成長著。

同樣愛貓的兩人，藉著貓咪的話題，心也漸漸靠在了一起。

交往一年之後，兩人以結婚為前提開始同居生活。只不過，比起自身的幸福，兩人都有更在意的事。那就是貓咪們是否也能過得幸福。

同居變成是兩位飼主與貓咪的三角習題。「如果貓咪們無法相處融洽，婚就別結了。」兩人做出了共識。

三隻貓咪都是成年公貓的緣故，照理來說同居應該不可能進行得太順利。為了能先隔離觀察相處情形，兩人也特地準備了大型的貓籠。

殊不知……根本沒有這個必要。

根據祐一朗表示：「面對突如其來的相見歡，三貓沒有絲毫劍拔弩張的氣氛，瞬間一拍即合。」

知子也說：「原本還擔心不知道會怎麼樣，突然間莫名其妙地就結束了。」

從那天起，三貓彷彿同胎兄弟一般。

知子小姐提供

隨後，兩個人與三隻貓的家庭也正式宣告成立。新家是知子為貓處處設想所設計出來的。

即使沒有貓跳台，也能隨時跳上跳下的櫥櫃與家具。房間與房間之間沒有屏障，相互連通。連浴室也配有寬敞的貓門。

當然還有能看見外頭路面的大窗戶。兩人返家的時候，在二樓一起眺望著窗外的三貓，會一起跑到玄關迎接他們。

原本感情就很好的小夏與小空若是擠在一起睡，小光就會像是說著「我也要」一樣從中間擠進去，變成一串貓咪丸子。

知子說：「雖然覺得每隻貓都很可愛，但是我和小光的羈絆果然還是格外深厚……。每天晚上，小光都會窩在我的左手臂睡覺。好像默默地守護著我因為乳癌而接受手術的左側身體。」

知子不在時，小光會和小空與小夏一起對著祐一朗撒嬌。

「被三兄弟一起撒嬌真的覺得好幸福喔。」祐一朗溫柔地笑了。

episode 4

撿到的「小貓」，是個老奶奶

三花貓 Jaguar 是兩姊妹七年前在上學途中撿到的「小貓」。
現在高齡為……。

「小貓咪全身濕答答的。」

七年前某個十二月下著雨的早晨，才剛被送去上學的兩個女兒，用兒童手機打給直子說。

「好我現在過去。」

開車抵達的時候，孩子們正撐著傘蹲在路邊。

躺在大女兒膝蓋上的，是一隻瘦瘦小小的貓。因為被冷雨打濕的關係，更顯得楚楚可憐。

但這隻長毛的三花貓，怎麼看都不像是小貓，反而像是一隻年邁的老貓。直子將貓抱起，牠全身輕飄飄的，摸起來盡是骨頭，狀態似乎非常不好。

直子讓孩子們先去學校，自己把貓帶回家。貓咪一發現家裡其他貓的食物，就開始大口大口地狼吞虎嚥，看來肚子已經餓到極限了。也不知道流浪了多少天。

幫貓把身體擦乾，送到動物醫院的時候，獸醫說：「看起來年紀不小了呢。」

嚴重下痢，以及疑似失智症。或許是因為這樣才被拋棄的吧。看起來時日不多。

「直到看見她展現驚人的食慾後，才開始覺得好像有康復的可能。」直子笑著說。

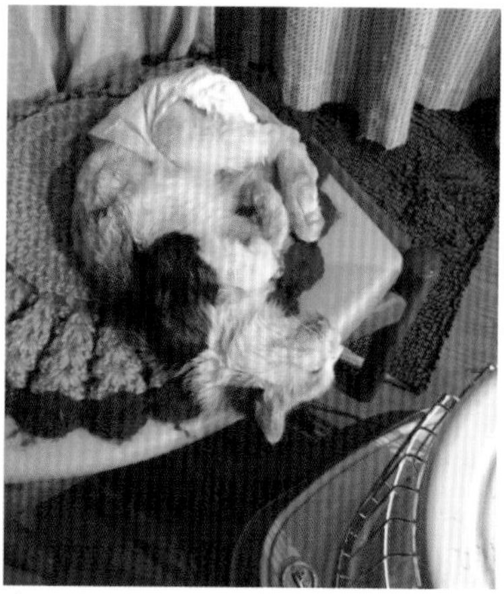

直子小姐提供

因為到處下痢的緣故，只好將牠屁股的毛剃掉，並穿上尿布。孩子們也對貓咪疼愛有加。營養狀態改善後，失智症的跡象消失，也脫離了尿布。

貓咪的名字決定取作「Jaguar」。這是直子在鍾情的搖滾歌手的推特上留言「我們家收留了一隻原來是老貓的小貓。希望你可以幫貓咪命名」後，所得到的回覆。

恢復精神的 Jaguar 奶奶，春假時會繫上牽繩，跟著孩子們到附近的公園賞花。就連直子店面所在的商店街舉辦跳蚤市場時，Jaguar 也曾來幫忙顧店。

救了 Jaguar 的女兒們，「看見可憐的貓咪實在無法坐視不管」的性格遺傳自母親。

「從小學第一次撿到貓開始，身邊就再也沒有一天沒有貓」的直子，因為結婚對象欲求照護員一職的緣故，從東京搬到千葉縣南房總的海邊將滿二十年。照顧兩個女兒的工作告一段落後，直子在國道旁開了一家賣古著與雜貨的小店。

直子小姐提供

恢復精神後，雙眼炯炯
有神的 Jaguar。從食慾
開始的大復活！

直子小姐提供

Jaguar 向已經是高中生的姐姐撒嬌

寧靜的小鎮上，有很多貓分不清是家貓或野貓地被豢養著，也沒進行絕育手術。自從搬到這裡後，已經數不清到底救過多少隻貓了。

「如果是健康的小貓就幫忙找認養家庭，如果不是的話就留在手邊照顧。也有撿到之後好不容易康復，卻又突然發病的例子，親手送走這些命運多舛的貓咪往往是最心痛的……。」

Helen 是在遇見 Jaguar 的六年前，一家人在等幼稚園校車時撿到的橘貓。當時 Helen 身上有好大一個洞，在康復前穿了頗長一段時間的網狀束腹。

收養了 Jaguar 的四年後來

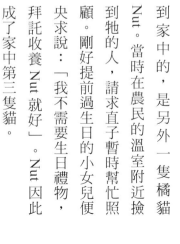

到家中的，是另外一隻橘貓Nut。當時在農民的溫室附近撿到牠的人，請求直子暫時幫忙照顧。剛好提前過生日的小女兒便央求說：「我不需要生日禮物，拜託收養 Nut 就好」。Nut 因此成了家中第三隻貓。

在獸醫的那句「看起來年紀不小了呢」之後，又過了七個年頭。Jaguar 現在到底幾歲？搞不好都超過二十了呢。「牙齒雖然都掉光了，但食慾完全沒變。」直子滿是寵溺地笑說。

當年錯認濕答答的 Jaguar 為小貓的孩子們，如今已經是高中生與國中生了。不過她們還是喜歡像小時候一樣抱著 Jaguar，Jaguar 也依舊如小貓般地撒嬌。

Jaguar 和另外兩隻貓的感情也相當好。十三歲的 Helen，是一隻溫和、脾氣好的初老貓，三歲的 Nut 則很黏 Jaguar。

三貓都喜歡日照充足的房間，但也很喜歡到外頭散步。

家門前，山側是一大片農田，面向著閃閃發亮的白色房總海。時時有清風吹拂。

「今天的天氣好舒服呢。」一直子對著貓咪們說。

在田間小路上滾來滾去的 Jaguar 奶奶，今天也是好心情。

Jaguar 喜歡在外頭吹風。今天也是在草叢玩耍後，便賴在小徑上翻滾，任風吹拂毛髮。

episode 5

遺物

典江的丈夫在過世前對她這麼說：
「請不要放棄任何一隻貓咪。」

小困擾今年十七歲。

典江在很年輕的時候就和丈夫私奔，離開了家裡。兩人都非常喜歡音樂。

從事計程車業的丈夫只要看見無家可歸的貓咪，就絕對無法見死不救。

不只是家中附近，凡是公司、排班處、載客目的地等，只要出現需要幫助的貓咪，丈夫就會帶回家裡。明明太太連貓都不敢碰，卻依然故我。

丈夫也為了貓咪們的飼料費、手術費，花光了自己的零用錢。

貓咪的數量更是持續增加。

把出車禍不能動彈的母貓送去住院，再順便把一窩小貓通通撿回家；或者是收容不久的貓咪在家裡生出一大堆小貓等。

如此這般的丈夫，卻在五十五歲左右時病倒了。診斷為癌症末期。

丈夫將妻子與成年的孩子叫到跟前，開頭便說：「我只有兩個心願，希望你們能聽好。」接著說：「一我希望捐贈大體，再來希望你們不要放棄家裡任何一隻貓咪。」

除了十六隻貓外，什麼都沒留下的丈夫，就這樣離開了人世。

至今已過了三年。

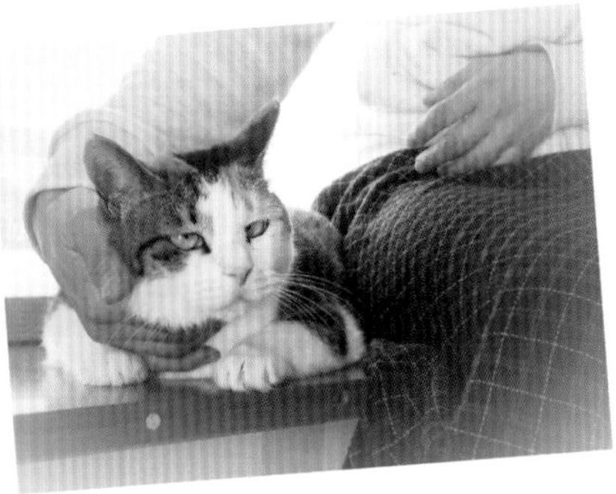

典江為了養育遺物一般的貓咪們，每天馬不停蹄地工作著。

早上照顧完貓咪，大約八點四十分從家中往公司移動，傍晚五點過後回到家中。

午休時間也會回家，停留大約三十分鐘，匆忙地確認一下貓咪們的狀況。

傍晚六點再去打工。回到家時，多半超過九點、十點。

接著繼續進行照顧貓咪的工作。週末另外有八個小時左右的兼差。

典江在照顧貓的過程中，徹底愛上了貓。同時也結交了不少互相討教的貓友。

獨自生活的典江開始丟棄所有非必要的東西，過起簡單的生活。

使出渾身解數撒嬌的貓咪們。典江好像有幾隻手都不夠用。每隻貓都被灌注無私的愛。

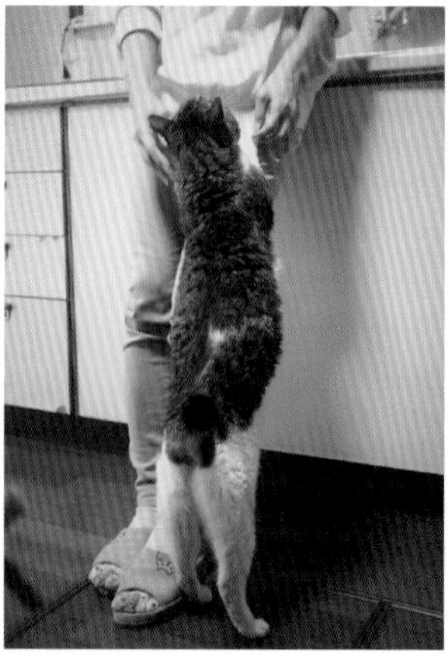

將所有的房間都分配給貓咪們，貓咪可以自由使用包含衣櫃裡的所有空間。

三年間，十六隻貓中有五隻因為年紀或疾病的關係而過世，典江則又自行收容了兩隻新貓。

「我無法見死不救。」典江說。似乎誰也說過一樣的話呢。

有一隻在收容時就氣數將盡，四天後便離世，典江仍能將其看作是「我家的孩子」為牠送別。

因此，目前家中有十二隻貓咪。

住在廚房裡的是高齡十七歲的「小困擾」奶奶。據說在浪貓時期，牠便經常癱睡在馬路中央，車子來了也不閃，所以才會被叫作「小困擾」。

一樓的和室裡住著「小嘎」，以及兒子和女兒組成的小家庭，再加上一隻新收容、年齡不詳的公貓「瓦啾」。

二樓北側的房間裡住著膽小鬼「嗚喵喵」三兄弟。

二樓南側的房間裡則是年齡不詳的貓媽媽「小黑」與怕生的三個孩子。這四隻的感情非常好，一家人時常窩在一塊。

同一個空間裡的貓咪感情和睦，相處起來才沒有壓力，只要典江一進到屋內，貓咪們便會喊著「快過來」地一擁上前。

「因為有這些貓咪在，我才能繼續堅持下去。雖然偶爾還是會氣擅自養了一堆貓又擅自拋下我的先生，但對於這些他為我留

在身後的貓咪們，心中卻是充滿感謝的。」

這樣說著的時候，典江的笑容似乎豁然開朗。

「雖然經濟上與時間上都沒有什麼餘裕，但可以靠著自己的力量活著，真的很開心。」

此時從放著丈夫相片的書櫃往下看著我們的，是新加入的公貓「瓦啾」。

典江小姐提供。小黑媽媽與孩子們。

「對迷路的貓咪放不下心的樣子被先生看到，不知道他會說什麼。可能會先說『我就知道』，接著一定會說『這孩子就是你喜歡的類型嘛』。」

對於把外頭的貓帶回家這件事，典江回想後在心中發誓：「希望能讓牠們覺得成為家貓是一件幸福的事，並對牠們負起一輩子的責任。」無論丈夫生前或生後，這一點都不曾改變。

當丈夫對她說「請不要放棄家裡任何一隻貓」的時候，典江是有點生氣的，「放棄？我像是會做那種事的人嗎？」

丈夫聽了便說：「那我就放心了。」在丈夫人生中的最後一年，能有這些貓天天在身邊作

伴，真的太好了。

典江說她要把每隻貓都悉心照料到最後，再一隻、一隻地，送到彩虹橋的另一端給那頭等著的丈夫。

episode 6

新家

流星和花音是一對十幾歲的情侶。
兩人迎來被認養的貓兄弟，也成了彼此的家人。

不知道是與母貓走散了，還是被丟棄了。

九十九里附近的小鎮，三隻年幼的貓兄弟在街上遊蕩著。

其中比較衰弱的一隻，被救援後不久便離開了。剩下的兩隻小貓，在中途恢復元氣後，開始開放認養。

花音小姐提供

在網路上看到認養公告的照片而前來探訪的，是一對住在附近剛開始一起生活不久的年輕情侶。兩人都愛貓，在老家都曾與貓一起生活，「好想養貓喔。」兩人總是這樣說著。

流星，今年十八歲；花音，今年十九歲。

「我們想認養這對兄弟。」年輕的兩人表示。

讓未婚且才十幾歲的情侶認養貓咪，可不是個輕易的決定。然而，中途照護人在與兩人對話的過程中，確信了「如果是這兩個人的話，沒問題」。

兩隻貓兄弟於是便住進了二人的小小公寓與相依為命的生活裡。

浜名湖みかん

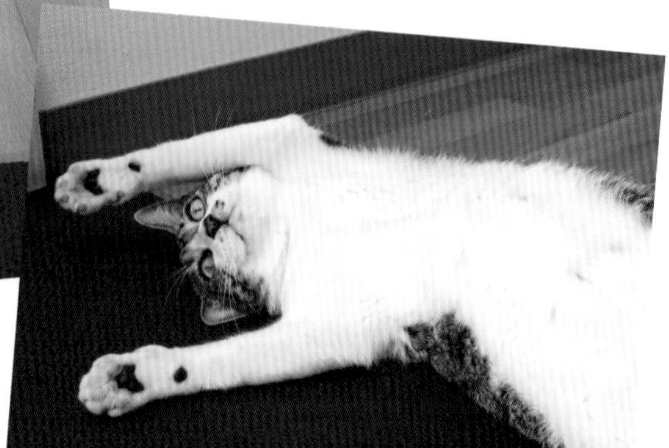

粉紅色鼻頭、穿著白襪子的是鯖魚虎斑「露奇亞」。

黑色鼻頭、胸口與四肢呈白色的是黑虎斑「提特」。

義大利文中，「露奇亞」意為「優雅的光」，「提特」則是守護神的意思。

花音的貓咪日記裡密密麻麻地記載著，從兩兄弟來到家中第一天開始到現在的種種一切，包括第一印象、飯量等。也持續以照片記錄著兩隻貓咪。

「每一天都是新的今天，沒有一天的日子是重複的。這對兄弟每天都有不同的把戲，每天都會讓我們有嶄新的發現。」

兩兄弟每天早上也會到門口目送流星出門上班。

工作結束後回到家中的流星，首要之務就是和到玄關迎接自己的兩兄弟玩耍。兄弟倆最喜歡的遊戲，就是把被丟出去的老鼠玩具，一臉得意地撿回來給流星。

流星也不知道說了多少次：「好可愛、好可愛。」

在書架上用笑容守護融洽小家庭的，是流星媽媽年輕時的照片。

獨自撫養流星長大的媽媽，在流星國中時去世。而後流星便輾轉流離在各個親戚家中。

遇到花音之後，兩人陷入愛河，開始一起生活，並約定在流星滿二十歲時要登記結婚。

當流星被問到未來想要一個什麼樣的家庭時，他回答。

「就這樣……對，就像這樣一直持續下去就好了。」

花音也點頭並接著說。

「有他、有貓，每天都有小小的幸福積累著，這就是我想要的生活。」

在身旁聽著兩人對話的露奇

亞與提特，此時彷彿這樣說著。

「露奇亞會變成優雅的光，提特會化身為守護神，一起保護爸爸和媽媽。然後也會跟爸爸和媽媽一樣，感情一輩子都那麼好喔。」

episode 7

如親

像家人般一團和氣的老人院。
在那裡，有通勤貓，也有常駐貓……。

這裡是北關東一間以春天野外盛開的小花為名的老人安養院。院內提供日間照護、團體住宅與高齡人士專用的公寓。

馬上就是中午時段了。啊呀，前院已經可以看見前來使用日間照護服務的客人了。

「請給我一份午餐。」

原來是一隻圓滾滾的鯖魚白貓。

從後方、牆邊、小門，好多貓咪接踵而來。帶著剪耳記號的大家，彷彿利用著微妙的時間差。

「我們這裡有不少每天通勤的貓咪。牠們都是在這裡接受絕育手術，並持續受到照顧的貓咪。」

安養院管理者竜子小姐爽朗地笑著說道。

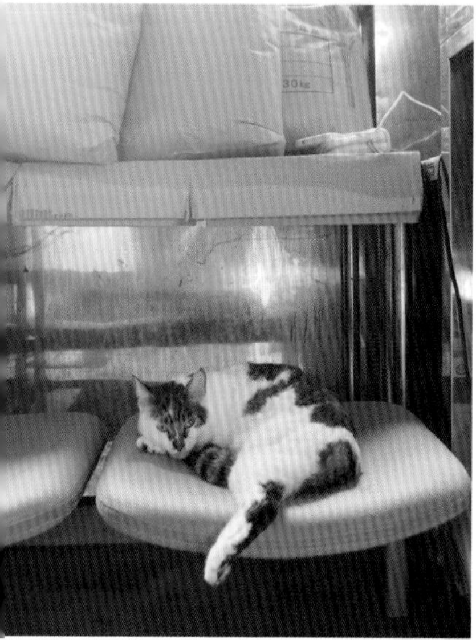

「我們有三隻院貓。最近又加入了一隻院狗。」

其中一隻院貓，白貓龐德，是在五年前出現的流浪貓。三年前因為受傷的關係，在院內接受治療，療養過後就順其自然地成為了室內貓。從通勤，到長住，最後徹底成為院貓。

或許是對安養院的恩惠心存感激，龐德每天孜孜矻矻地在院內巡邏、接待客人。

順帶一提，龐德這個名子和詹姆士龐德完全沒有關係，而是本名「胖胖」的暱稱。從肚子的三層肉看來，這就是所謂的「幸福胖」吧。

負責守護米倉的三花公貓小貝，三年前的夏天，在還是小貓

的時候被院內的員工認養。身為家貓的牠，現在跟著主人通勤，偶爾也會值大夜班。

和有點害羞的龐德相比，小貝對誰都表現得很大方。就算是被失智症的住院者當作說話對象，也能不慌不忙地應對。

身為院貓的小貝，對於該有的規矩了然於胸，當院內的老人家們在吃飯時，牠決不會跳上桌。

推測年齡十歲以上的母貓古瑞格，半年前來到安養院時，單眼失明，並呈現脫水狀態。經過治療保住一命後，便成為新的院貓。三隻貓咪的團隊合作還算可行。

安養院內有讓貓咪可以放鬆的小房間，現已停用的浴室也變

成了貓咪的休息室。

在這裡，無論是人或貓都能安然處之。從竜子小姐到所有員工們，都有著一顆喜愛動物的心。

得到理事長與社長的諒解後，院方開始為附近的其他貓咪提供必要的手術與照料。這裡已經不知道收容過多少被丟棄的小貓了。養育衰弱的貓咪，再幫忙尋找認養人亦時而有之。手術費與飼料錢則透過募捐而來。

「為了可以隨時幫助有難的貓咪，誘捕籠和大小貓籠也成為院內的常備品。這樣的老人安養院應該不多吧。」竜子小姐笑著說。

曾經說過「我最討厭貓了」的老人家，現在完全不承認自己當初的發言。「什麼討厭貓，我一次都沒說過喔。貓咪最~可愛了。」

最近加入了一隻院狗。琪可，一隻八歲的玩具貴賓母狗。琪可白天會待在小房間裡，晚上則會和患有失智症的飼主奶奶睡在一起。琪可尤其喜歡年輕的男性員工，因此在這裡的每一天似乎都樂不可支。

狗和貓們雖然不曾繳過院費，但卻大力地回報著大家。

只要有牠們在，老人家與員工們，就能感到安心溫暖。笑容與對話也隨之增加。

相互依偎的大家庭，在同一個屋簷下，一起慢慢地變老。

不疾不徐。貓與老人家的生活步調說不定很合得來呢。

column

針對愛貓人士的主題內容一籮筐！

貓咪部落格

連載各式與貓相關的文章及漫畫。本書作者佐竹茉莉子老師的「街貓日記」也會在每週二更新。

貓咪商品

每月上架原創貓咪商品，並投入部分收入於Felissimo 犬貓基金會。盡是讓貓奴愛不釋手的商品！

犬貓支援活動

Felissimo 犬貓基金會進行的各項活動，包括協助浪貓絕育、為流浪動物尋找中途，以及舉辦認養大會等。

貓部 Talk

貓咪的寫真・影片社群。根據每天投稿的主題一起同樂。快帶著你的愛貓來參加吧。

Felissimo 貓部 ねこぶ™

愛貓人士大集合！

Felissimo 貓部是 Felissimo 通路中集結了愛貓人士的社群。以「打造人與貓共同幸福生活的社會」為宗旨，進行各項活動。除了原創貓咪商品的販售，還有貓咪部落格等，愛貓人士可以在Felissimo 貓部的網站上找到各式各樣引人入勝的內容！請大家一定要來看看喔♪

https://www.nekobu.com/

@felissimonekobu

寵物與人類的故事

寵物與飼主之間，往往有著各式各樣的小劇場。本專欄介紹犬貓與人類之間所發生的溫馨故事。

有貓的風景

佐竹茉莉子老師的專欄連載。描繪她在各地所遇見的貓，以及與其相互依偎之人的面貌。

與高齡貓的生活守則

由貓醫院的服部幸院長向大家介紹，如何與高齡貓一起幸福生活，以及如何面對突發狀況。

變幸福的認養犬與認養貓

採訪曾受認養的狗狗與貓咪們，記錄牠們因為與對的人相遇，而過得幸福的如今。

與狗狗和貓咪一起變幸福

sippo
—シッポ—

sippo（尾巴）是由朝日新聞社所營運的寵物網站。該網站以建立寵物與人類共生的社會為目標，發表各種專業媒體情報。內容包括犬貓相關的療癒讀物、值得信賴的新聞報導、解說記事以及實用資訊等。不只是賣萌，也涵蓋社會議題並提供實際服務。

https://sippo.asahi.com

sippo_official　@Asahisippo

episode 8

做自己就好

從正規教育脫隊的孩子們聚集在這裡。
陪伴在他們旁邊的，是一隻曾被拋棄的灰色貓咪。

靜岡縣天竜川旁，有一處「夢想田地（Dream Field）」。是由曾在市內高中任教長達二十一年的大山先生，在十五年前所創辦的自由學校（free school）。

目前從六歲至三十幾歲，約有五十人就讀於此。學生多半因為輟學或發展障礙等因素，而無法融入正規教育的生活中。

在這裡也住了貓咪。學校的第二代校貓小芝麻，是一隻年紀尚輕，卻十分沉穩的灰色公貓，平時會在學校裡面自由地晃來晃去。

曾經是一隻棄貓的小芝麻，泰然自若地融入這裡生活著。

雖然也有不太善於面對貓咪的學生會對小芝麻視而不見，但更多的孩子習慣摸摸小芝麻、和牠說說話，或者衝著牠笑。

「在輕鬆悠閒的『自在』

中，學習相互體諒，讓孩子們能與環境建立充滿信賴感的關係，這就是這個地方的目標。」即為這所學校的宗旨，而存在本身就是「自在」的小芝麻，完全體現了這一詞彙的真義。

學校的初代校貓「湯姆林」是一隻煙色黑貓。在學校設立的那一年，被員工撿來，當時還是一隻出生不久滿身帶傷的小奶貓。

自從學校開始養貓，變化似乎也隨之而來。大山先生說：「遭霸凌受傷的孩子、沒有自信而失去元氣的孩子，在面對湯姆林時，卻能露出安定的神情。我突然發現，咦有貓好像不錯耶。」

隨著學生人數增加，校方決定申請核可為福利機構，以減低家長們的學費負擔。

此外，為了支持十八歲以上的學生們在社會上自立，以庇護工場的名義，成立了一家咖啡店。

開店的時候，校方決定了一件重要的事。那就是他們不做「博取同情」的庇護工場，而是要開一間讓學校的大家都能抬頭挺胸地工作，充滿魅力的咖啡店。

黑貓的腳印

番薯貓田地

關鍵字：貓！

「我們想開一間能自在工作，並聚集溫柔靈魂的咖啡店。

我們決定販賣以貓為主題的甜點與雜貨，店裡也會有常駐的店貓。因為喜歡貓的人，多半是溫柔的人。」

大山先生提供。湯姆林。

店名是「番薯貓雜貨咖啡」。

因為湯姆林獨自當店貓太辛苦了，所以校方又從市內的「零

大山先生提供。小春。

棄貓協會」認養了一隻長毛玳瑁貓小春，作為換班的人選，平常住在職員家來往通勤。

十八歲以上的在校生，會適才適性接受分發到「咖啡店」、「工廠」或「菜園」，並各自學習獨立。

對誰都很友善，甚至有孩子說「我是為了牠才去上學的」，人氣居高不下的湯姆林，在去年的秋天，奔向了天堂。

目前剩下住在學校的小芝麻以及由職員飼養的小春，輪流換班執行店貓的工作。

為了不讓貓咪們感到緊迫，咖啡店內備有兩組三層的特大貓籠。小芝麻與小春會在籠裡放鬆坐臥、款待客人，非常受歡迎。

「希望客人在用完餐、玩完貓，盡興一番之後才意識到：『咦？這裡是庇護工場？』、『庇護是什麼意思啊？』、『有

小芝麻與員工。

障礙是指什麼？』」大山先生如此期許著。

非值班日時，小芝麻會在學校裡悠悠哉哉地度過。牠的房間備有貓跳台、貓抓板等，也有成天泡在這裡和小芝麻玩在一塊兒的學生們。

一名職員表示：「單單是一隻貓在那裡，氣氛就變得明亮起來，大家的心也都被療癒了。」

貓咪們，肯定是默默地想告訴大家。

「各位，像我們貓咪這樣，不爭不搶、不受束縛，更加自由、隨心所欲地活著不是很好嗎。」

※ 小芝麻出沒，
開門請小心 !!

episode 9

「生而為女」的瑪麗

年輕時被丟在漁港的瑪麗。
即使歷經滄桑，今天仍要繼續吹著海風昂首闊步。

圓圓的四肢配上大大的頭，瑪麗是一隻生活在南房總小漁港的母貓。

也是漁會直營的「親親市場」裡眾人的心頭寶。

冬季時瑪麗不大出門，通常會窩在市場裡的員工休息室，不過天氣若是回暖，一大清早，就能看見瑪麗在漁港內認真巡視的身影。

「瑪麗姊在巡邏呀。」在遠方年輕小貓們的注視下，瑪麗悠然地昂首闊步，大姊的風範十足。

「沒有什麼變化呢。」

從船的陰影下對著閃閃發亮的海面眺望片刻後，瑪麗咻地一聲跳到了船上，在向陽處打起了瞌睡。瑪麗姊的轄區內，今天也是一派和平。

今年冬天瑪麗因為身體微恙，無法四處巡視，讓市場的人們操了好大的心，不過天氣一回暖，瑪麗又徹底復活了。

十一年前，瑪麗忽然出現在

漁港的餌房裡。一身毛髮甚是漂亮，想必原先應該是有人飼養的。

從當時就一直照顧住在海邊的貓咪們，現與夫婿共同成立NPO，並將自宅改造為中途之家與醫院的千鶴子說：「現在什麼都不怕的瑪麗，剛剛被拋棄的時候，其實也表現得非常不安。那時牠年紀還很小又好瘦。」

在漁會和市場中間的石牆附近，有一群等著千鶴子送飯的貓咪，瑪麗也在其中。沒有一絲不安的神情，又特別親人的瑪麗，

在漁港內備受寵愛。

幾年前，瑪麗轉移陣地從餌房來到了市場。

原來是她與市場內長久以來君臨天下的「老大」成了相好。

老大是一隻從外地流浪到這兒，身經百戰的大貓。雖然瞬間就成為了漁港的領袖，老大對女孩子們卻非常溫柔。

市場經營食堂的阿姨們都會說：「老大雖然打架很厲害，但是不會記恨很可愛。牠都會帶著瑪麗走來走去，好像在炫耀說『這是我的女人喔』。然後大家就會說：『老大真有眼光。像瑪麗這種有點豐腴的女人最棒了呢』。」

曾經纖細的瑪麗，因為市場

的人們與漁夫的寵愛，每天都有好吃的魚，不知不覺變成了如今充滿份量的身形。

老大與瑪麗一起度過了好幾年的幸福時光，然而就在三年前的冬天，老大染上了嚴重的風寒。來到漁港後也過了十二載，加上本就遍布的舊傷，老大身上滿是歲月的痕跡。

千鶴子將老大帶回家中養

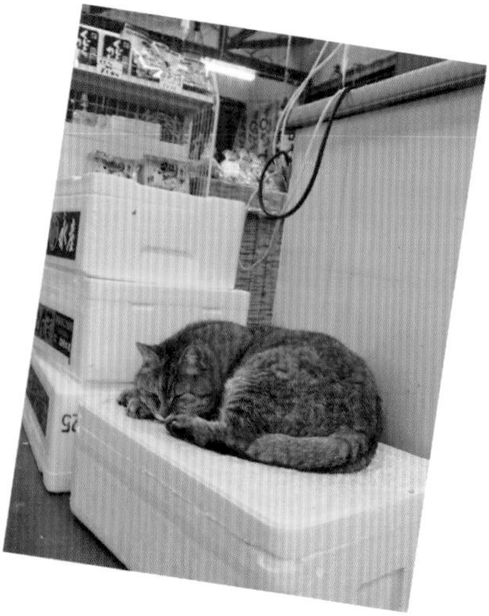

千鶴子小姐提供

病。聽說當時有人看到瑪麗在漁港內不斷來回尋找老大的身影。

千鶴子原本希望等天氣回暖，老大恢復體力後，就把牠送回瑪麗還有同伴的身邊……。

可惜老大的身體並沒有好起來。初春時，千鶴子抱著一直想

出門的老大來到了漁港。沒有看見其他的貓。千鶴子將老大輕輕地放在草地上，老大像是來到了故土般四處張望。

接著他們又去了市場，看著瘦得不成形的老大，大家都哭了。

三天後，老大安詳地離開了貓世。

老大殞落後，漁港內盡是一群膽小鬼，再無其他擁有大哥氣魄的公貓。瑪麗於是承接了上位。

說特別囂張也沒有，特意照顧其他貓咪也不是。可泰然自若的瑪麗，就像是為了維持漁港的和平，那不可或缺的存在。

「還想說老大不在了，瑪麗肯定會失魂落魄，殊不知好像不一會兒就看開了。女人真是頑強的生物呢。」

市場的人們如此說道，心中卻也鬆了一口氣。

「說到底，瑪麗年紀不小了呢。」大家最近也開始留心起瑪麗的防寒對策與飲食。

已經約定好，瑪麗將來要是年紀大了，無法在海邊繼續生活

的話，就到千鶴子的中途之家養老。只不過，看見瑪麗梳理得蓬鬆發亮的毛髮，以及在海濱闊步的模樣，「女老大」退休之日，恐怕還遙遙無期呢。

episode 10

新人教育股長

浪貓咖啡「鎌倉貓室」的新人教育股長——小虎。受到散步中的柴犬相救而來到了這裡。

「鎌倉貓室」位於一處充滿綠地的寧靜住宅區內。屋子的主人久美子小姐，在三年前，將自宅的一部分改闢為認養貓咪的咖啡廳。

為了讓歷經苦難被收容於此的貓咪們，能在找到新家以前閒適地度過，這裡除了有開放式的樓梯，還有大片窗戶及挑高設計，整個空間沒有一絲壓迫感。

在客人大腿上撒嬌的貓、在

樓梯上你追我跑的貓、在窗戶旁看山賞鳥的貓、在高處的屋樑上散步的貓，還有在沙發或籠子裡睡得正起勁的貓。

貓咪們都正是血氣方剛的年紀，唯有一隻茶色的虎斑貓，看起來特別地穩重。

小虎，一隻三歲的公貓，同時也身兼這裡不可或缺的員工、溫柔的老闆，以及新人教育股長的角色。

小虎沉穩的目光，一視同仁地看顧著店內的貓孩子們。來撒嬌的孩子，牠溫柔呵護；玩過頭的孩子，牠則會輕咬牠們的後頸以示訓斥。全然一副資深教師的模樣，引來小貓們的無限景仰。

今天有客人帶來許多紙箱當作禮物。等小貓們你爭我搶玩得告一段落了，小虎才一臉滿足地躺進箱子裡。其實小虎自己也才三歲啊。

各有不同原委而被收容於此的小貓們，直至找到幸福，才能從這裡畢業。小虎當初也是一隻剛出生就被丟棄的小貓。救了牠一命的，是一隻散步中的柴犬。

三前年一個二月的冷冽清晨。跟著主人由美一起晨間散步的柴犬，殿介，在經過熟悉不過的公園時，突然停下了腳步。接著快步朝溜滑梯跑了過去。

在滑梯下方的，是一只紙箱。由美打開箱子，看見裡頭有七隻還連著臍帶的小貓。有的小貓已經全身冰冷，也有的只剩下一息尚存。

在拚命搶救後，之中的三隻小貓活了下來。其中一隻便是現在的小虎。三隻小貓在殿介「相濡以沫」的照顧下，備受呵護地長大。

小虎們並不是殿介在散步途中解救的第一批小貓。舉凡被拋棄的、與母貓離散的，各種孱弱小貓微乎其微的求救信號，殿介都不曾漏聽過。

七年前，被前飼主送到動保處的殿介，經由動保團體的救援來到了由美所居住的溫泉街。過了半年，殿介才好不容易對由美一家打開心門。殿介愛上散步勝過一切的同時，那異於常人的小貓雷達也開始運轉。

接連發現小貓的殿介固然功

由美小姐提供

由美小姐提供

德無量，但認養人卻不是那麼好找。就在此時，由美透過一直以來光顧的獸醫師介紹，趁著「鎌倉貓室」有店貓空缺的時候，開啟了這條認養途徑。

這條途徑的第一號探勘者就是小虎。

由美小姐提供

小虎無論氣質或學習能力都無可挑剔，卻不知為何遲遲沒有被人認養。善於照顧後輩這一點，也被久美子注意到了。

殿介所給予的情感教育，小虎身體力行。

最終小虎被授予「新人教育股長」一職，成為了貓室的固定員工。

「已經找到認養人的小貓，小虎會慎重其事地為其舔毛打理。對於一直找不到認養人的小貓，小虎則會表現出一副趕人的架式『你後面還有很多人，快點想辦法離開這裡』。不可思議的是，只要小虎一這麼做，小貓很快就會被認養了。」久美子笑著說。

被殿介相救，從溫泉街來到鎌倉貓室的小貓，包括小虎，已有九隻之多。

賓士貓「伊予」，當初差點餓死在路邊。

短毛三花「小草莓」，則是被卡在民宅的牆壁出不來。雖然幫忙小草莓掙脫的是由美夫婦，但掙脫的小草莓卻直直奔向殿介，「太好了、太好了。」殿介也邊說邊舔著受驚的小草莓。

從由美一家還有殿介那裡得到的愛，由久美子和小虎繼承，讓小草莓得以健康茁壯，也順利找到了認養人。

小虎開始為小草莓理起毛來。

由美小姐提供

由美小姐提供

有人向被拋棄的狗伸出了援手；狗又向被拋棄的貓伸出了援手；被幫助的貓長大之後，又對更小的生命伸出援手。

超越種族，愛無止盡，生命環環相扣。

episode 11

枯槁的貓

下雨的傍晚，步履蹣跚地來到了面前的黃色貓咪。
無法坐視不管的夫婦倆，為了送貓最後一程，打開了家門。

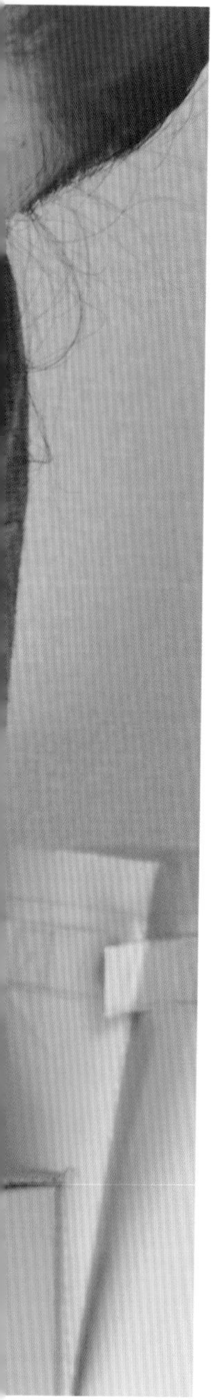

窗外灑落的陽光，將蓬鬆的黃色毛髮照得閃亮。聽到有人呼喚自己的名字，貓咪轉頭回以一個惹人憐愛的眼神。

看著沒有一絲緊張的貓，仁美心中的愛意滿滿，同時也回想起，這孩子第一次來到這個家時，那衰弱枯槁的模樣。

那是三年前一個五月的傍晚。

「有一隻黃色的貓搖搖晃晃地跑來家裡的玄關。看起來非常虛弱。」

正準備下班回家的仁美，從已經先到家的先生邦彥那裡，收到了這樣的訊息。

仁美小姐提供

馬上浮現在仁美眼前的，「是那隻貓」。

約莫兩個月前開始，偶爾會在附近的貓咪聚集地看見牠，那隻半邊耳朵參差不齊的貓。

原本應該是家貓吧，特別地親人。每次遇見牠時，其日漸消瘦的樣子令人憐惜，「不行的話就來我們家吧。」仁美對貓說，但之後卻許久沒再看見牠。

仁美急急忙忙地趕回家，果然，就是那隻貓。

只消一眼，就知道貓咪的狀況相當不樂觀。是因為記得仁美說過的話，才到這裡尋求幫助的嗎？

查詢了一下有夜間服務的醫院，兩人急急忙忙地把貓送了過去。

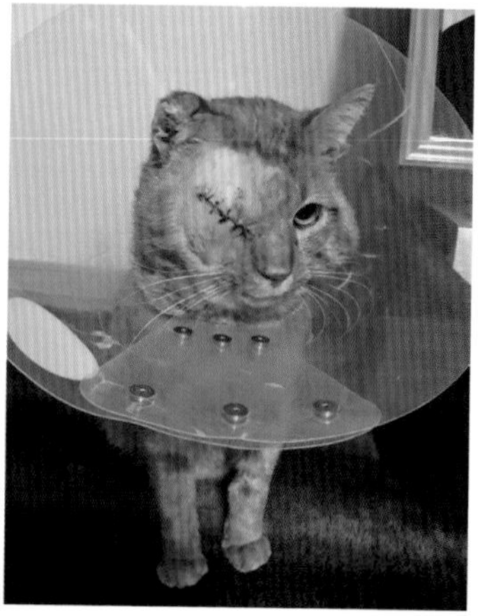

仁美小姐提供

貓咪滿身瘡痍，命在旦夕。貓愛滋陽性。嚴重的慢性腎衰竭。全口無齒。右眼球黏著一塊發黑的結痂。推測八歲左右，一想到貓咪至今以來不知道在哪裡過著怎麼樣的生活，兩人心裡一陣苦澀。

醫生說：「應該撐不了多久了吧。」

邦彥和仁美都沒有養過貓。

但此刻，兩人有了同樣的想法。

他們都想盡可能地減輕貓咪的痛苦，至少讓牠能平靜地走完最後一程。

兩人幫牠取為「喵一」，點滴注射和投藥等，能做的事他們都做了，也讓貓咪吃些好吃的。

而後……喵的食慾逐漸恢復，也開始展現出復活的徵兆。腎臟和血液的數值雖然沒有變化，但明顯看得出來喵的體力正在復原，甚至也開始會追著玩具跑。

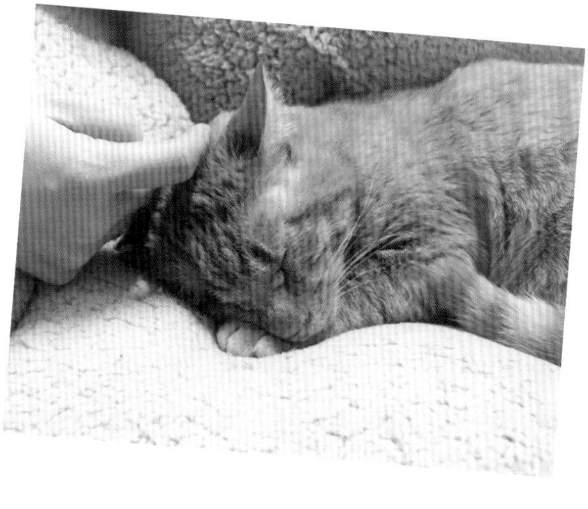

兩人完全沒有料想到喵會恢復健康。考量到腎臟的負擔，尚未絕育的喵並未馬上接受手術。

發情的季節一到，喵無論地點，到處噴尿。

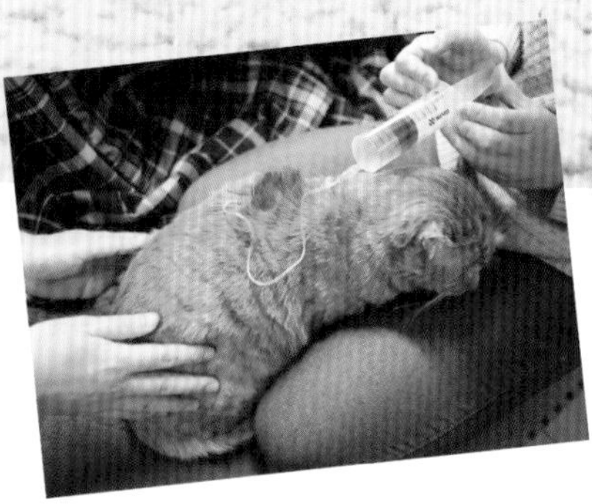

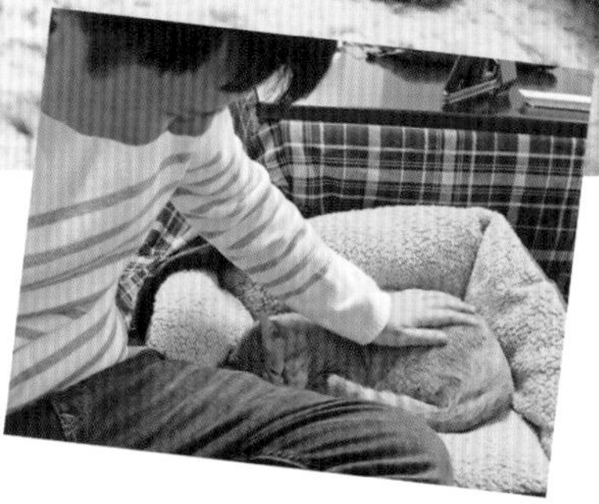

「真的是超痛苦的。」

仁美回想起來大笑著說。

可不管喵惹了多少麻煩，「只要牠願意努力活著我們就很開心了。」這是兩人心中唯一的願望。

為了摘除角膜受損的右眼球，喵接受了手術，也順便進行了絕育，噴尿的行為，軋然而止。

三年過去。喵已全然是充滿被愛神情的家貓。身體狀況改善，毛髮也變得蓬鬆柔軟。喵像是回到了小時候，愛撒嬌，又愛玩。

當初才二點六公斤的喵，現在已經超過五公斤了。

　為了減輕腎臟負擔，喵每天要吃三種藥。另外要在家每天注射三次的皮下點滴。

　每個月喵也必須回診一次。只要開始進行去醫院前的準備，喵就會迅速地察覺異樣，並咻地

一聲躲到暖桌底下，假裝「沒人在家喔」地想蒙騙過關。

「會撒嬌、會發呆、會開心……以前都不知道原來貓咪是情感那麼豐富的動物。不管做什麼都好可愛。」

一聽到仁美這樣說，邦彥也不甘示弱地對喵示愛。

「真的很可愛，全部都可愛。我每天最期待的就是回家了。」

沒有牙齒的喵，有時伸出舌頭會忘記收回來，好像在吐舌的不真實表情，可愛得讓人受不了。

一起睡覺時，半夜霸佔一整個枕頭的舉動，也可愛得讓人受不了。

遇到不喜歡的食物，臉撇向旁邊，在食盆前面動也不動的模樣，同樣可愛得讓人受不了。

「因為緣分和喵成為家人之後，變得真心希望每隻貓，都能過得很幸福。」仁美說。

家裡附近的流浪貓，雖然有好幾個固定餵食的地點，也有志工幫忙絕育，也不會被人欺負。但仁美還是放不下心。擔心著天雨或天冷時，外頭的貓該如何度過，有沒有其他像喵一樣的孩子正流離失所呢。

「就算是一天也好，為了延長與喵相處的時間，能做的事我們都願意做。」

喵聽聞仁美的話，露出了一個半是喜悅，半是靦腆的表情。

episode 12

小蔥女王最棒了

小蔥女王與阿德同居了二十一年。
小蔥女王雖諸多任性，世間眾女子卻望塵莫及。

小蔥女王是一隻三花貓，擁有晴王麝香葡萄色的美麗雙眸。

推測芳齡二十三。或者更年長也說不定。小蔥與身兼英文老師及藝術創作者的阿德，生活在同一個屋簷下。

年紀愈大，小蔥變得愈容易感到寂寞，不管是阿德上廁所或是洗澡時，都會喵喵叫個不停。

然而，早上阿德要去上班的時候，小蔥卻異常安靜。好像知道「他是要去賺我的飯錢」一樣。

阿德與小蔥女王邂逅於二十一年前。當時阿德居住的鎮上，有許多在外自由活動的貓。

那天，阿德看見一隻年輕的貓快步穿過庭院。

「嗨，小美人！」雖然已經結紮了，但看起來不像是家貓。就算擺了飯，也不願意靠近。

天氣轉涼之際，阿德正在準備煮火鍋時，發現那孩子躲在庭院裡偷看。

「你也要吃火鍋嗎？」

阿德才這麼說，貓咪便一溜煙地鑽進屋子裡。

「一起吃完雞肉之後，牠就趴在地上打起盹來，還爬到我的胸口上蹭熱。」

雖然貓咪或許會就此消失也

阿德先生提供

說不定，但阿德還是以牠進到家裡時，筷子上夾著的那根蔥，為牠起名為「小蔥」。

「在那之後，我們就是一直依照牠的步調在生活。每天早上，牠一定會恰好在五點五十分叫我起床。」

某次來家裡玩的朋友，看到小蔥高高在上的模樣，便開始尊稱牠為「小蔥女王」。

小蔥女王異性緣極佳。很多時候每天會有三到四隻貓，絡繹不絕地前來家中的庭院拜訪。

「小蔥女王會從窗戶居高臨下地看著大家，如果有牠屬意的公貓，就會『讓我出去』地喵喵叫。雖然出去也只是到車底下約個會，或者讓對方親親鼻頭而

已。」

　穩定交往的關係，一年間大概會有兩次。從肌肉型到傑尼斯系，通通都有。

　「六年前左右，有一隻常常來的公貓，每次看見我都會很有禮貌地打招呼『喵（岳父您好）』，我跟小蔥說『我挺喜歡那傢伙的』，可惜牠們最後並沒有繼續在一起。」

　如此這般的小蔥女王，從三年前起，因為甲狀腺與腎臟的關係，開始出入醫院。原本阿德想把藥混著液狀零食一起餵，沒想到小蔥女王對這款最受眾貓歡迎的鬆軟零食，完全不屑一顧。為了餵藥，阿德吃足了苦頭。

　小蔥的體重大幅下降，也不大出門了，與公貓們的約會也急遽減少。

　據說前幾天，有年輕的公貓來訪時，小蔥對著阿德喊道「把牠給我趕走」。

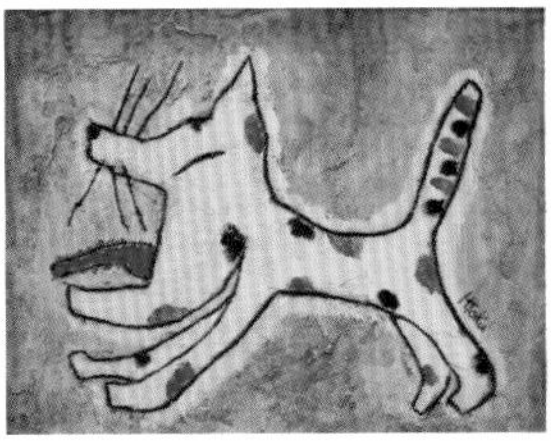

小蔥女王的現役男寵，就是阿德。阿德也常畫貓，每幅畫裡都能看見小蔥的身影。

隨著年紀增長，小蔥女王的任性也愈發嚴重，若是沒吃到當天想吃的食物，就會情緒不佳。

「所以我每天都必須準備魚跟肉。放在不同的盤子上，沒被小蔥選到的，就會變成我的晚餐。」

小蔥每天會要求一次「抱抱」，被抱起來時，牠會愉悅地從喉嚨發出呼嚕呼嚕的聲音。傍晚小蔥會約阿德去家門前的公園，「一起走吧」。到了公園兩人也只是並肩坐在長椅上，約十分鐘後，心滿意足的小蔥，便會自顧自地往回家的方向走。

「可是我生病的時候，小蔥什麼任性的話都不會說。雖然任性，卻知曉分寸，是個很棒的女人呢。」

接著，阿德有感而發地說：「不知道還能在一起生活多久。只要小蔥願意努力長命百歲，再怎麼樣任性都沒有關係。」

小蔥女王，畢竟是阿德的第一隻貓呀。

episode 13

被拯救的受虐兒

夜間在公園裡被當球踢的小豆子。救了牠的，是正巧路過的伸子。

小豆子，今年四歲，是一隻橘白色的公貓。與伸子小姐過著兩人生活。

小豆子討厭外頭年輕男性有精神的聲音，還有警笛、施工以及塑膠袋摩擦的聲音。

現在雖然已經沒事了，但是剛來到這個家的時候，只要討厭的聲音一出現，小豆子就會恐慌症發作，嚇得全身發抖。

即便是現在，小豆子只要被試著裝進外出籠裡，就會害怕到口吐白沫，以至於根本沒有辦法去醫院。

這樣的小豆子，與伸子相遇在三年半前一個九月的晚上。

只要想起當晚的事，伸子還是會因為憤怒和悲傷氣到胸口要炸裂一般。

那是從朋友家回程的路上。只要穿過眼前的公園，馬上就到伸子家了。空無一人的公園裡，有一個看起來像高中生的年輕男性，正飛踢著不曉得裝了什麼的塑膠袋，像在練習足球似的。

正當伸子想從他背後經過時，塑膠袋被高高踢起，在空中轉了好幾圈，此時有個東西從袋子裡掉了出來。

伸子一度懷疑自己的眼睛。

掉出來的，是貓！還是一隻約莫六個月大的貓。

小貓步履蹣跚地拖著腳，發了瘋似地拼命往車子底下鑽。

「喂！」

這時，終於意識到伸子存在的高中生，騎著自行車頭也不回地落荒而逃。

「拜託拜託要沒事啊。」伸子祈禱著，跑回家取了貓食和毛巾後，又匆匆趕了回來，但卻沒在車底下看見牠。

伸子小姐提供

伸子焦急地四處尋找，好不容易在牆角下發現了瑟縮成一團的小貓。

「嘴角有血，左腳鬆垮垮的。因為太害怕的關係，去醫院的路上，不只嚇得發抖，還尿失禁。」

小貓的嘴裡有撕裂傷，犬齒斷裂，足部挫傷。但耳朵卻很乾淨，看起來被人飼養過。

伸子去警局報了案，自己也連夜到公園埋伏，但最終還是沒能找到當時的那名高中生。

被認養後的小豆子，一直無法克服恐懼，有一段時間，伸子索性就用嬰兒包巾將小豆子背在胸前，邊做各種家事。

家中張開雙臂迎接小豆子的還有一對老奶奶，「卜蛋」與「鐵蛋」。姊妹倆都是在小時候就被伸子認養。

小豆子來到家中的半年後，

被逗弄的愛虐兒

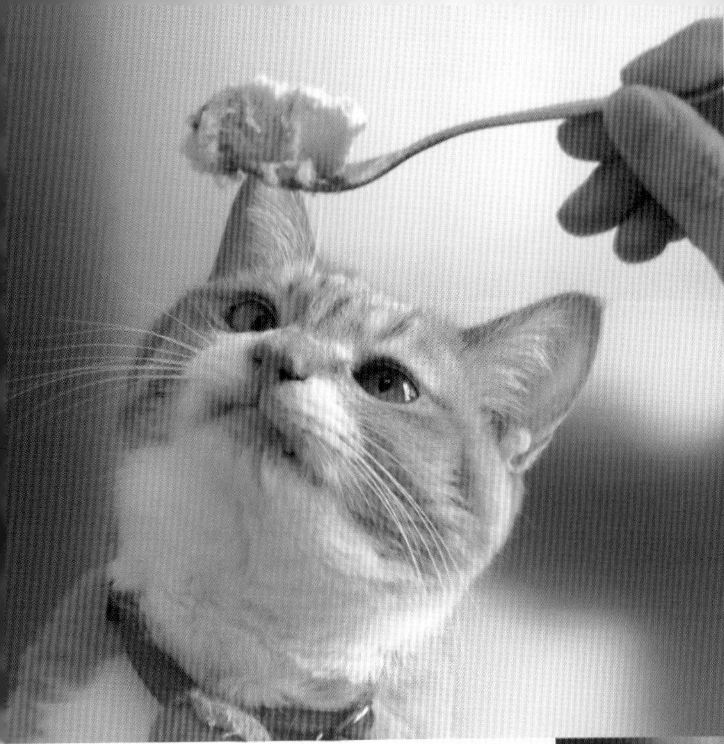

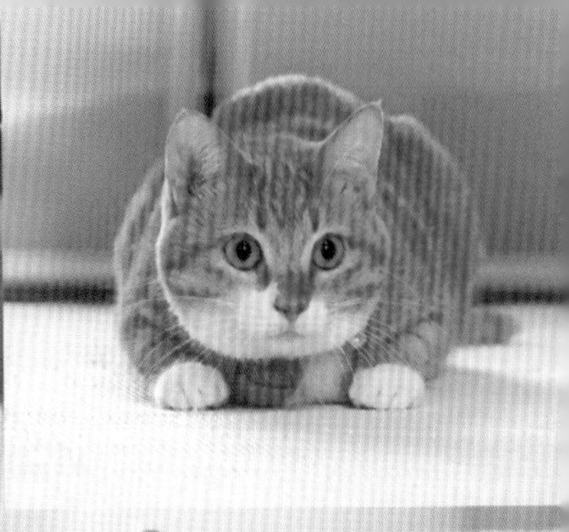

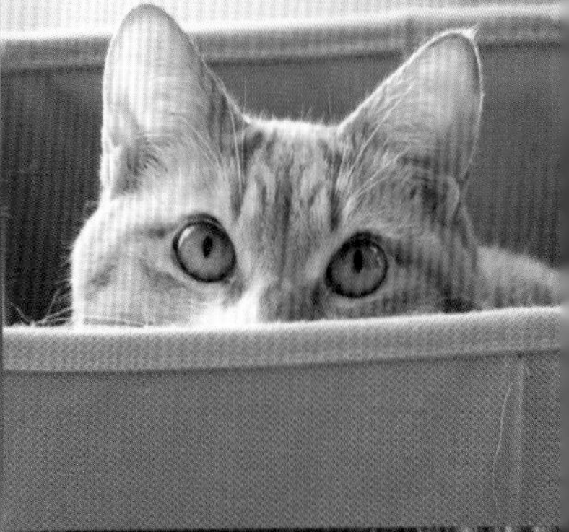

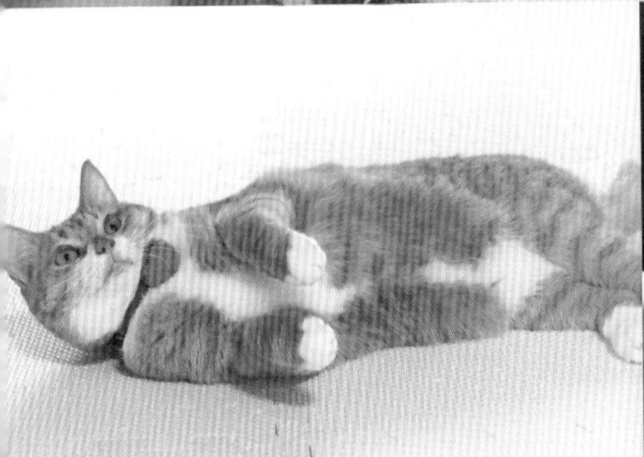

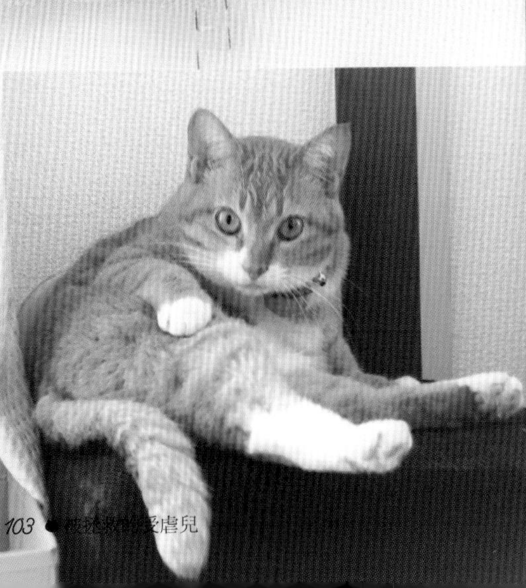

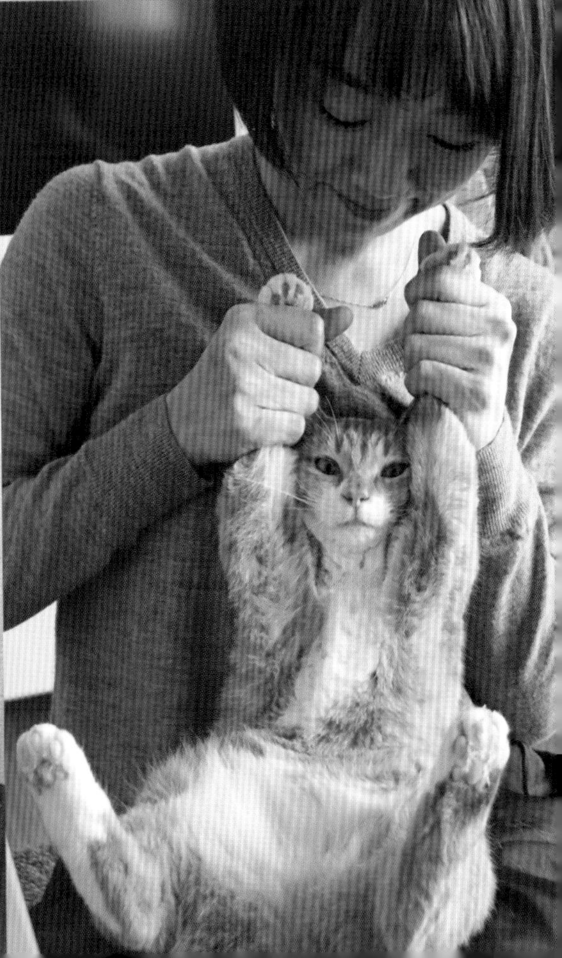

十八歲的卜蛋就去了天堂。失去另外一半的鐵蛋因為打擊過大，開始出現癲癇的症狀。

鐵蛋初次發作時。「喵啊—喵啊—」地大聲叫著，跑到伸子面前通知她的，正是小豆子。

那天之後，小豆子會在鐵蛋大半夜四處徘徊的時候守護著牠，也會在牠發作時，趕忙向伸子報告。

「每次餵鐵蛋吃癲癇藥的時候，就會被小豆子瞪。『為什麼小伸要一直餵鐵蛋姊姊吃牠討厭的東西啦』。」

小豆子對鐵蛋的敬意非同小可。就算一起放飯，在鐵蛋開始吃之前，小豆子是不會開動的。

「在外面遇到了可怕的事情是嗎？沒事了放心吧。」對於全心接納自己的鐵蛋，小豆子和伸子一起，靜靜地陪伴牠走過了最後的第二十一個年頭。

伸子從少女時代開始，最無法忍受的就是看見別人欺負弱小的動物。

國中時期的伸子，曾撞見學長們把小貓埋在公園的沙堆裡，

當作丟石頭遊戲的標靶，伸子當時氣得跳到學長身上一陣狂揍。那隻小貓，後來就待在伸子老家，享壽二十四歲。

又有一次，伸子聽到來店裡消費的某位太太說：「我女兒竟然撿了一隻小貓回來，真是傻眼。還是雜種。我已經把牠丟到公園裡了。」伸子頓時氣急攻心。問出是哪個公園後，伸子留下一句：「妳才是雜種吧。」便揚長而去。趕到公園時，正好看見一戶好心的人家收容了小貓。

休假的時候，伸子會到收容所去，幫助那些因為人類而受了各種委屈的貓咪們。

「小豆子，對不起。為什麼不管我道歉多少次，這世界上都還是有這麼多不值得被原諒的壞人呢？」

總是這樣跟小豆子說著話的伸子。

小豆子，最喜歡，最喜歡妳了。

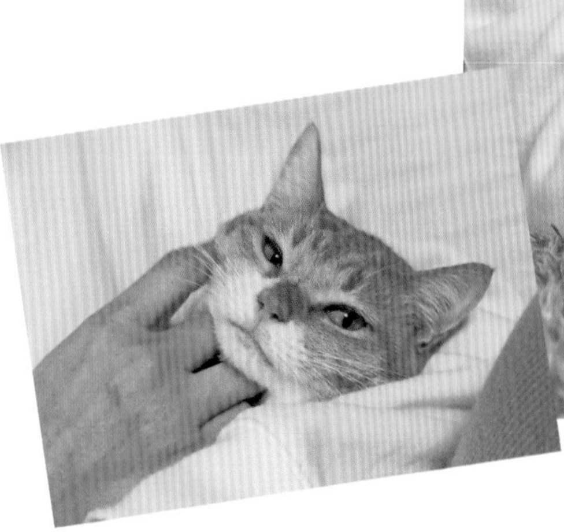

在溫暖的光線中，有守護你的人。

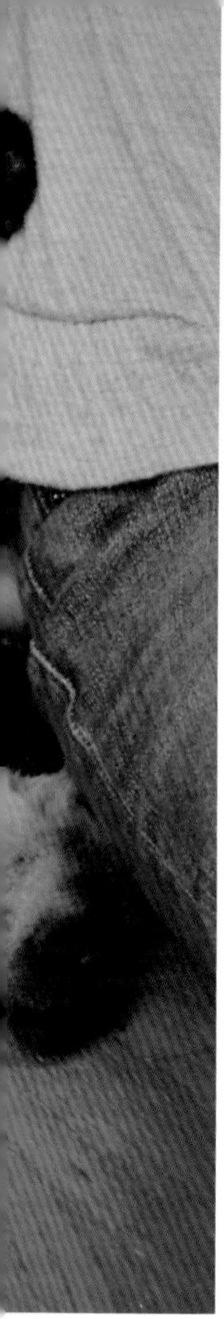

第二個家提供

episode

14

災區來的孩子

東日本大地震之後，美幸持續拜訪災區。
為了在已空無一人的街道，拯救被留下的小小生命。

位於埼玉縣川越市一間名為「第二個家」的收容所裡，住了大約七十隻貓咪。

為了剛抵達收容所的貓咪們，裡頭分為檢疫房、愛滋貓房以及非愛滋貓房。每個房間都窗明几淨，可以看見貓咪們閒適地休息躺臥。

倒在路上的貓、遭逢車禍的貓、從公立收容所救出的貓、被拋棄的小貓……。這裡混居著各

種來歷的貓咪們，當中有四隻來自東日本大地震的福島災區。熊仔、Milky、斯特拉以及小和。住在愛滋貓房的小和，是個超乎尋常的撒嬌鬼。

笑容滿面地穿梭各個房間，任由貓咪在膝蓋上玩起大風吹的，是這間收容所的創辦人，美幸小姐。

以個人名義從事地方貓咪保護活動的美幸，在聽聞東日本大地震的災區狀況後，便一直坐立難安。

隨後，美幸蒐集物資直奔災區。自從得知有許多犬貓因核災被遺留在禁止進入的區域後，美幸湧現了這樣的想法：「為了等待救援的犬貓們，自己必須做些

貓愛滋房的撒嬌鬼們。

還不習慣人類的 Milky。

什麼。現在，馬上。」

與擁有相同想法的其他志願者在災區集合後，大家開始分工合作，為犬貓們補給食物與遮風避雨。

看見在窗邊放了貓咪睡床的腐朽房屋，想到一夕之間失去了相互依偎之人的貓咪們，美幸胸口一陣苦澀。

除了駕駛座外，從車底到車頂裝得滿滿都是誘捕籠。因為進入災區的時間有限，一想到沒能帶回的貓咪們，美幸心中又是一陣酸楚。

就這樣夙夜匪懈地持續了八年。

「今年三月，確認我們來往的區域內已經沒有貓咪後，救援工作總算是告一段落。」

因為收容的貓咪數量增加，五年前美幸設立了現在這間收容所。目前約有二十名志工，依時間安排，輪流照顧貓咪們。

不論貓咪健康與否，親人或怕人，小貓或是老貓，在這裡都會被當成「親生孩子」一樣注入滿滿的愛，直到認養家庭接手。

非愛滋的幼貓們通常最容易

找到認養人，不過每年仍會有數隻災區來的貓咪，以及二至三隻愛滋貓能夠順利找到新家。

就連因為車禍而半身麻痺的Reo也找到了認養人。

飛鳥一家人認養的三花貓「麻麻吉」，也是第二個家的畢業生，五年前在大熊町被美幸撿到。

飛鳥一家先從網站上領養了「妮」與「汐」兄妹倆，而後又領養了這對孩子的媽媽「莉波如」。莉波如去世後，將飛鳥家重新點亮的便是新成員麻麻吉。

將麻麻吉愛惜地抱在手上的爸爸說。

「雖然平常不會特別意識到貓咪是從災區來的，但是麻麻吉在吃飯或者半夜上廁所時，都會邀別人『一起去嘛』。我想一定是有過很可怕的回憶吧。」

有點傲嬌，叫了也不一定會來的麻麻吉，只有在被誇獎「麻麻超級棒」、「麻麻乖寶寶」的時候，才會欣然地接受指令。

為了緊急時刻和貓咪們共同避難，家中的外出籠也充分地準備了三個。

住在市中心的浩美，家中有三隻來自第二個家的貓咪。

四年前來到家中的，是當時兩歲的灰色母貓 Emily。因車禍受傷而被送到公立收容所的

Emily，被美幸救出並協助治療後，再被認養。

三個月後，浩美又認養了當時六歲的公貓茶路。茶路是經常在某家公司的庭院裡受到照顧的流浪貓之一，公司倒閉後，才被第二個家收容。

浩美小姐提供。伊布。

兩年前認養的，則是當時四歲的雉虎斑公貓伊布。伊布於東日本大地震三年後的聖誕節前夕，在楢葉町被發現。

伊布和茶路從收容時期就是非常要好的朋友，再次住到同一個屋簷下，同樣天天黏在一塊兒。

「任何我能幫忙的事都行。」支持著第二個家各種活動的浩美，最近又代養了中途貓茶

浩美小姐提供

助。

美幸與志工們最開心的，莫過於收到第二個家的畢業生，與認養人或其他貓咪相依相偎的幸福消息。這也是他們的能量來源。

「無論是被丟棄或走失的貓咪。希望每個孩子，都能找到衣食無缺的容身之處。希望每個孩子，都能遇到相知相惜一起走下去的伴。」集結了這些信念，美幸與夥伴們，舉步前行。

episode

15

小陸的禮物

為了給感情不睦的兩隻當和事佬而帶回家的可愛貓咪，竟然生病了……。

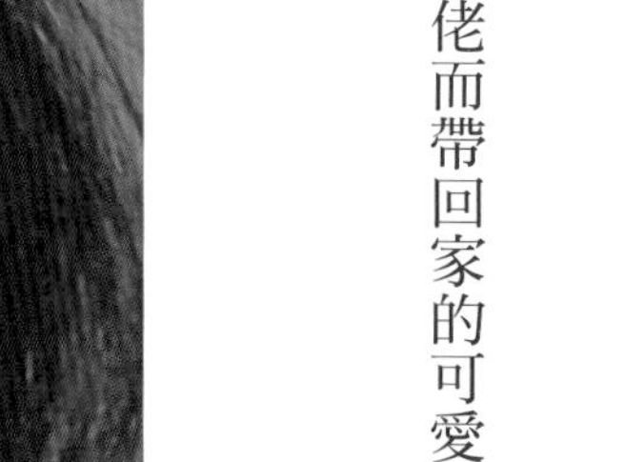

由梨小姐提供

小陸，是這個家的第三隻貓咪。纖長的四肢，加上閃閃發亮的雙眸，又特別地親人。

被領養時，小陸才出生沒幾天，身上還連著臍帶。聽說當時某公寓裡的一位住戶聽到水溝裡有小貓的叫聲，水溝蓋卻重得搬不起來，最後演變成出動十位消防員的救援戲碼。從中途再經由動保團體，小貓而後來到了奶貓志工由梨的手上。小貓和其他孩

子一起，在這裡接受哺育直到兩個月大左右。

媽媽裕子當初會想領養天真無邪的小陸當第三隻貓，主要是因為家中原本的兩隻貓咪感情非常不好。

兩隻貓咪分別是小風與小花，因為不同的理由，在兩年前的夏天來到了裕子家。

小風是一隻公的英國短毛貓，因「顎骨錯位與咬合不正」的問題而滯銷，心有不忍的裕子於是將牠帶了回家。

而後不久，又順勢地收容了剛從崩潰的多頭飼養繁殖場被營救出來的美短小花。

裕子滿懷期待，想像著兩隻幼貓成為親密的姊弟，互相為對方理毛、緊挨著睡覺的畫面。

然而……裕子的夢想，徹底地破滅。小花不僅不讓裕子夫婦碰觸，對小風也完全沒有好感，小風就算只是從牠身邊經過，小花也要哈氣擺出一副惡鬼相。

小風的遲鈍，來自於長期只

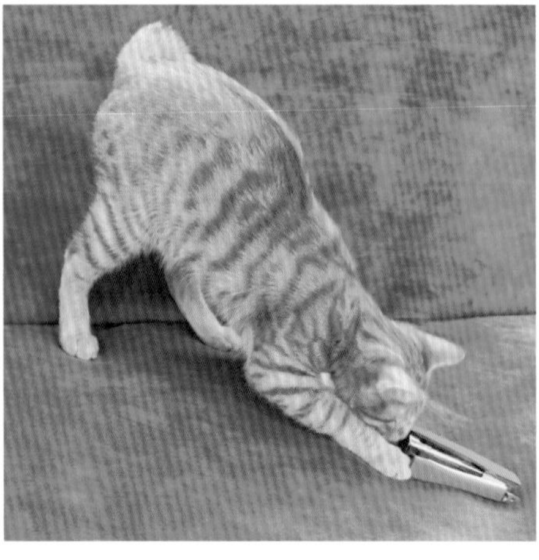

裕子小姐提供

與兄妹一起生活在籠子裡，對於應對人類與其他貓咪一竅不通。

小花的易怒，則是因為過去與多頭未絕育的貓一起被飼養在狹小的空間內，經常必須四處逃竄以閃躲其他成貓的攻擊。二貓的成長經驗裡，都沒有可以撒嬌的人類或者一起正常嬉戲的同伴。

無論是這樣的小風還是小花，都讓人心疼。裕子因此希望透過領養天真爛漫的小陸，讓二貓的關係變得融洽一些。

小陸在家裡又飛又跳，每天都使盡全力地活著。小風馬上就和小陸打鬧在了一塊，小花也對小陸打開了心房。

三隻貓咪會一起在廚房裡惡作劇、一起爭搶裕子揮舞的逗貓棒……。只不過，小風與小花之間的距離依然沒有因此而縮短。

某一天，裕子察覺到，小花的耳朵似乎聽不太到聲音。帶到獸醫院檢查後，果然是聽力受

裕子小姐提供

損。調整了與小花的互動方式後，小花終於漸漸表現出撒嬌的模樣，也會跟在裕子的身後走來走去。夢想中的「貓糰子」好像稍微有了點影子。但就在這個時候，小陸開始沒有精神。明明是個愛吃鬼卻不吃飯，整天無精打采。

診斷的結果是FIP（貓傳染性腹膜炎）。是一種目前尚無有效療法，並會在短時間內惡化的疾病。

能在一起的時間，所剩不多了。裕子聯繫了最初收容小陸的人，讓她來見小陸最後一面。

裕子原本只知道小陸有一隻同胞兄弟在被收容之後去世。然而，聽了對方的話才曉得，當初

消防員救出時，還有一隻已經死亡的小貓。

「小陸不是一個人孤單地被生下來，也不是一個人孤單地踏上天國。連同在天堂裡等待的兄弟姊妹，小陸連同牠們的份，一起被許多人愛著、守護著。這樣想的時候，心如刀割的感覺才稍微舒緩一些。」

出生後不到一年，小陸就成了天上的星星。在仍是可愛少年的年紀。

從火葬場離開的那天晚上，裕子抱著從黑漆漆的樓梯上獨自走下來，不停「喵—喵—」地叫喚著小陸的小風，大哭了一場。

數不清的淚水滑過裕子的臉龐。

（三張照片）裕子小姐提供

小陸去世後，過了一年半。不知道從什麼時候，小風和小花開始會黏在一起。像是為了填補小陸留下來的缺口。

現在小風會對小花撒嬌。小花則會一臉嫌棄地替小風理毛。

小花的眼神，變得溫柔安定。

「沒有想過兩隻貓黏在一起的日子真的來了。也沒有想過小花竟然能這樣讓小風抱著。小陸就像是帶著讓二貓親近的使命，從天上翩然降臨的天使。」

一想到這，裕子臉上不自覺地浮現笑容。小陸，雖然時間短暫，但是謝謝你願意來成為我們家的孩子。

夢幻般的貓糰子，現在每天都看得到。

映入裕子眼中的，除了已經長大的小風和小花，還有躺在二貓中間，仍是少年模樣的小陸。緊緊靠在一起，三顆美麗的貓糰子。

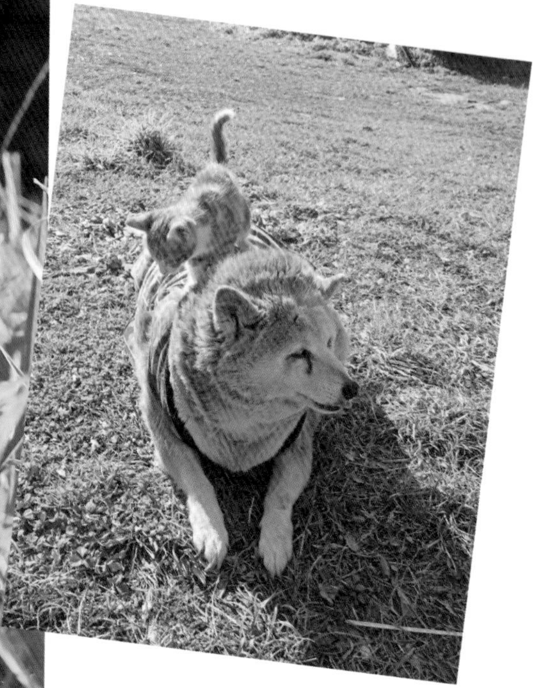

episode 16

山居夥伴

在海邊的公園裡被拋棄的小貓，來到了山間聚落。「變成福貓」的小貓，得到了「小福」一名。

小福的橘色眼睛裡，每天都有新的發現，每天都閃閃發亮著。

在草叢與田間小路上，邊聞著味道邊玩得不亦樂乎，小福的鼻子上因此總是沾著塵土。

現在的牠，已經不是當初那隻又冷又餓、受驚嚇，孤零零地在公園裡直發抖的小貓了。

撿到小福的人因為沒有辦法養貓，便把牠帶到這座接納了無

數犬貓的山林。

即便已經收容了許多迷失或被轉介的流浪犬與流浪貓，麻里子媽媽仍張開雙臂迎接了這隻無家可歸的小貓，並為牠取名為「小福」。麻里子媽媽在這廣闊的山間，經營迷你露營場與咖啡店。

「Happy、小幸與小福，是幸福三人組。」麻里子媽媽貼著貓咪的臉頰，笑著說道。

Happy 今年十四歲了。是一隻在十二年前，流浪到附近托兒所的流浪犬。

小幸則是同時期來到這兒，一隻全身麻痺的雉虎斑公貓。在路邊發現小幸的人原本將牠帶到獸醫院要求安樂死，卻被獸醫師

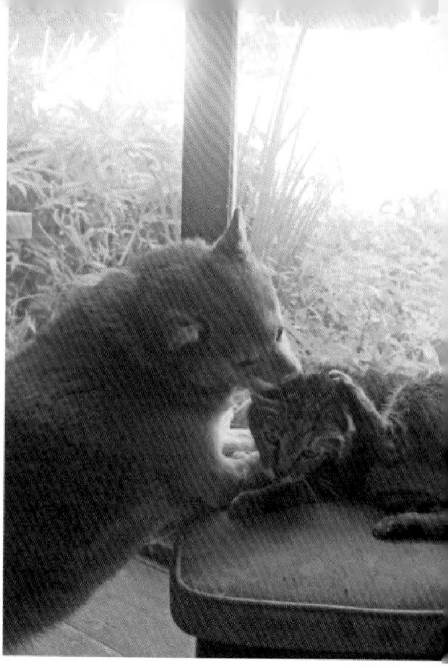

拒絕，無計可施之下只好把牠送來這裡。麻里子媽媽為那隻當時四肢僵直不斷瑟瑟發抖的小貓，以「祈求萬幸」之意，取名為「小幸」。

Happy 將小幸視如己出般地疼愛養育。小幸也很爭氣地康復著，雖然搖搖晃晃的，但稍微能走路了，堅定的步伐日夜踩在大地上。已經不在世的母貓檸檬與公貓拉拉，生前也受過 Happy 的悉心照料。

白天在山間遊樂，晚上則回到長平爸爸手作的小屋裡歇息，貓咪們就這樣一起生活著。

小福來到這兒的時候，正值寒冬。貓屋裡有一處溫暖的天地，不是別人，正是小幸的床。

小幸用自己不大方便的手裹著小福，為牠理毛。

新來的小貓們對小幸總是充滿孺慕之情，小幸也不吝於照顧孩子們。萊姆、吾郎三兄弟、謙治、咻咻，大家各經磨難來到山

小幸精通育兒道。

小亞

間，來到小幸的懷裡，成了此處的孩子。

陪小貓嬉戲與教育小貓的工作，通常由年紀較輕的貓咪們負責。

吾郎照顧小竹輪，吾郎跟小竹輪照顧謙治，謙治照顧小鐵，小鐵照顧咻咻，謙治、小鐵跟咻

咻一起照顧小福，然後謙治又照顧了沒有左前腳的秋子。

受到眾人疼愛的小福日漸茁壯，小幸的身體卻每況愈下。麻痺的貓咪，通常壽命都不會太長。

在小幸最後的日子裡，最喜歡小幸的Happy和吾郎一直在牠身邊。還不懂事的小福不明白小幸爺爺為什麼不起床了，只知道吾郎哥哥看起來好傷心、好傷心的模樣。

五月一個下雨的清晨，小幸在小福的面前離開了人世，只剩氣味留在原地。

小福接著迎來了牠的第一個夏天。

池塘中央的一隻青蛙露出了臉龐。好奇心正旺盛的小福，不假思索地便往水草中間跳。

腳於是變得濕答答、沉甸甸的，怎麼也跳不回來。小福開始難為情地哭喊了起來，附近的貓咪們便聚集到了水池邊。

小鐵哥哥在池畔繞了半圈，找到一處安全的地方對小福下令道「跳過來這邊」。其他貓咪看見平安生還上岸的小福，露出一副「太好了、太好了」的神情各自散去。

又有一次，小福因為崇拜能一口氣爬上柿子樹的小竹輪，首度嘗試挑戰，結果卻卡在樹上下不來，大夥也是馬上聚到一塊。當時，向小福示範如何慢慢降落的，正是小鐵。

當小鐵還是小貓，剛來到山裡的時候，時常利用小幸行動不

便的弱點，出其不意地攻擊牠，因此被麻里子媽媽稱作「山裡史上最壞的屁孩」。

不過其實，小鐵最喜歡小幸了。

今天不知道又會惹出什麼麻煩的小福，在這裡時時刻刻有人看顧。

小鐵和咻咻最近開始會輪流陪小福玩摔跤。

溫柔的哥哥們會故意輸給小福，然後誇張地大叫「我輸了」。

和名字一樣幸福地在山間度過一生的小幸，牠的穩重、溫暖和熱情，都傳承給了山居的同伴們。

小蹦

歲月更迭，季節巡迴，新芽生長，山間的花兒播下種子。

這時候的小福，已然是隻亭亭玉立的貓。曾經倒臥街頭的奶奶小蹦，也在這裡展開了閒適的新生活。

落單仔貓，
無須教誨，
總有人看顧。

山間裡，
四季巡迴，
生命亦若是。

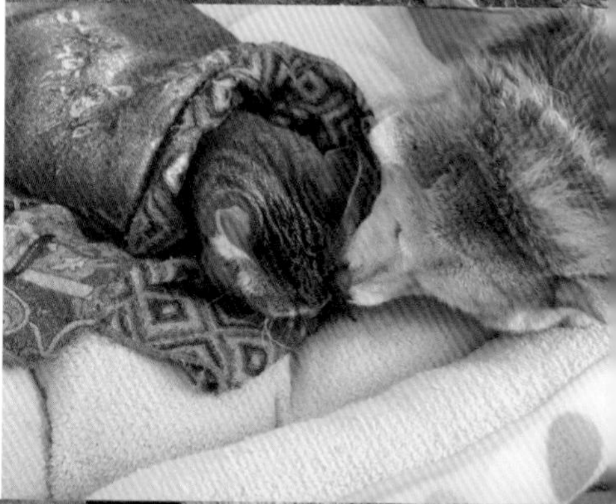

episode 17

有貓的幸福

離過婚的母親帶著孩子們住在海邊的小屋，今天又是熱鬧的一天。各有故事的九隻貓咪，一起活在家人的笑容裡。

小葵慎重地將貓咪捧在手心，那是一隻有著靈動大眼的雉虎斑白色小貓。

這個孩子，是小葵一家人的第九個寶貝。

小貓出生後兩個月左右，在海邊被發現，衰弱的身體當時正被烏鴉攻擊著。路過並救了牠一命的，是長期照顧海邊浪貓的動保團體「Dream Cat」的負責人千鶴子小姐。

千鶴子小姐提供

正當小貓在中途之家慢慢恢復營養時，為了替自家貓咪取藥而到訪的小葵，對小貓頗有好感，於是將牠帶了回家。

迎接小貓的除了小葵，還有媽媽、小葵的哥哥良太郎、奶奶，以及八隻貓咪前輩們。

作為家中第九隻貓咪，小貓被賜名為「九太」。

迎接新成員小貓的八名前輩們，背後各有故事，也各具獨特的性格。

家中第一隻貓的到來，是十二年前良太郎還在媽媽肚子裡的時候。

當時媽媽在停車場發現一隻雙眼突出的黑貓，無法見死不救的媽媽將牠帶到醫院。聽到必須「雙眼摘除」時，淚流滿面差點暈過去，還勞煩了獸醫師照料。

將兩眼失明的貓咪帶回家的媽媽，為牠起名為「公主」，並這樣對牠說。

「就算沒有眼睛，你也是最可愛的小公主喔。」

小葵說：「公主總是笑咪咪的呢。」

接著加入這個家庭的，是當時年紀尚小的良太郎在庭院裡撿到的一隻賓士貓。只喊一聲「過來～」就進了屋子裡的「小香菇」。這個名字是當時著迷於菇類的良太郎為牠取的。

十年過去，小貓如今成了穩重的大貓。良太郎因為和妹妹吵架而被媽媽責罵時，小香菇就會走過來說：「媽媽好了啦，不要再罵他了啦。」

下一位登場的，是寒冷雨天在醫院自動門前哀鳴的「小雨」。

再來則是含辛茹苦的流浪媽媽一家五口。「媽媽」、「小憂」、「小胖」、「芝麻」和「羽太」，小葵一家將牠們一隻一隻馴服，再一隻一隻帶回家。

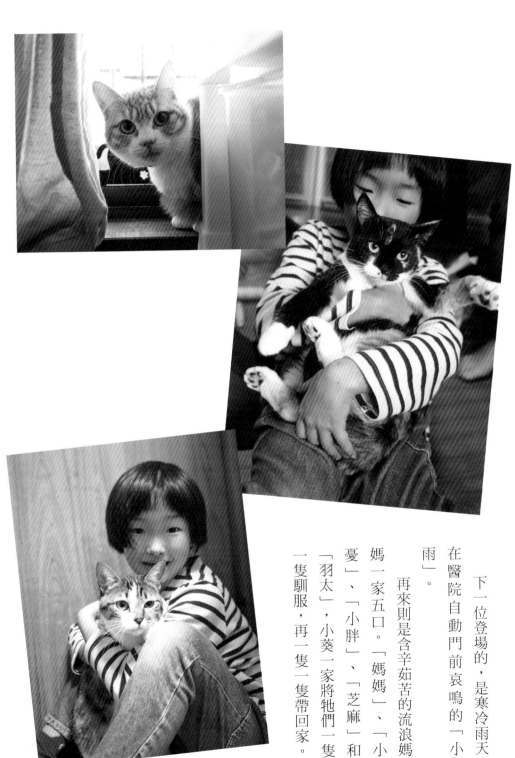

而第九隻貓，便是九太。眼睛看不見的公主，原本總是對其他貓咪築起心牆，然而在被天真無邪的九太撒嬌、互相理毛之後，也逐漸在其他貓咪面前卸下心防。如今，公主信任著貓咪們，彼此依偎著。

媽媽去上班、良太郎和小葵兄妹倆去上學的期間，就由奶奶照顧貓咪們。放學之後，再交棒給孩子們。

「每隻貓咪都很可愛。我每天都很開心。」良太郎說。

「朋友們很羨慕我，說想要來家裡玩。」小葵說。

四年前。選擇離婚、回到老家，重新開始新生活的媽媽，至

今不曉得熬過了多少苦日子。

「但是，孩子和貓咪們總是對我笑著。如果不是這些貓，我想我不會有辦法度過那段痛苦的時光。也沒有辦法像現在一樣，每天和家人們開心地笑著過日子。」

良太郎和小葵會用「阿母」來稱呼他們最努力也最喜歡的媽媽。

家人們相互依偎。人與貓相互依偎。貓與貓也相互依偎著。或許微不足道，卻真真切切存在於此的幸福。

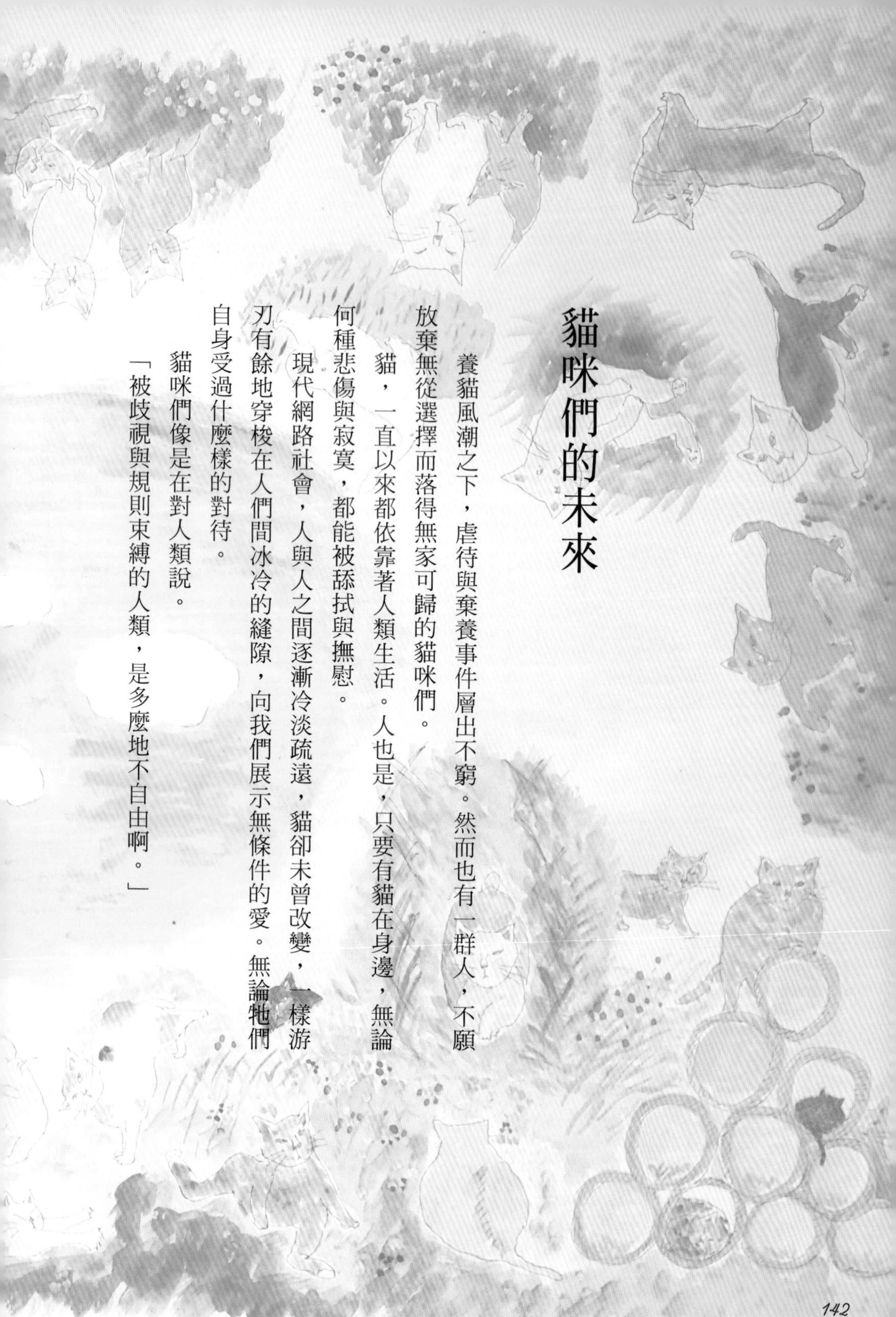

貓咪們的未來

養貓風潮之下，虐待與棄養事件層出不窮。然而也有一群人，不願放棄無從選擇而落得無家可歸的貓咪們。

貓，一直以來都依靠著人類生活。人也是，只要有貓在身邊，無論何種悲傷與寂寞，都能被舔拭與撫慰。

現代網路社會，人與人之間逐漸冷淡疏遠，貓卻未曾改變，一樣游刃有餘地穿梭在人們間冰冷的縫隙，向我們展示無條件的愛。無論牠們自身受過什麼樣的對待，

貓咪們像是在對人類說。

「被歧視與規則束縛的人類，是多麼地不自由啊。」

書裡介紹的雖然是貓咪們愛無止盡的故事，但集結而成的這十七則篇章，或許也是為了找回我們已日漸陌生那「相互依偎」的感覺而做的努力，我內心突然有感。

讀完這本書的同時，對身邊的貓或人若能有一絲微笑的衝動，我將會非常開心。我們的未來有貓，而通往那兒的門，肯定就藏在那些笑容裡。

作為社會全體，作為獨立的個體，為了讓身畔咫尺的小小生命有所依靠能夠做些什麼呢？這何嘗不是我們正面臨的一場考驗？

作者

國家圖書館出版品預行編目資料

有貓的風景：17則與貓幸福相伴、溫暖人心的故事／佐竹茉莉子作；淺田Monica譯. -- 初版. -- 臺中市：晨星，2020.09
面； 公分. --（寵物館；98）

譯自：寄りそう猫

ISBN 978-986-5529-32-1（平裝）

1.貓 2.文集

437.3607 109009148

掃瞄 QRcode，
填寫線上回函！

寵物館98

有貓的風景：
17則與貓幸福相伴、溫暖人心的故事

作者	佐竹茉莉子
譯者	淺田Monica
編輯	林珮祺
排版	黃偵瑜
封面設計	Betty Cheng
設計	mocha design
插畫	佐竹茉莉子
原書編輯	永沢真琴／寺田須美／高橋栄造
製作協力	株式会社フェリシモ／朝日新聞社 総合プロデュース室 sippo 編集部
創辦人	陳銘民
發行所	晨星出版有限公司 407台中市西屯區工業30路1號1樓 TEL：04-23595820　FAX：04-23550581 行政院新聞局局版台業字第2500號
法律顧問	陳思成律師
初版	西元 2020 年 09 月 15 日
總經銷	知己圖書股份有限公司 106 台北市大安區辛亥路一段 30 號 9 樓 TEL：02-23672044 / 23672047　FAX：02-23635741 407 台中市西屯區工業 30 路 1 號 1 樓 TEL：04-23595819　FAX：04-23595493 E-mail：service@morningstar.com.tw
網路書店	http://www.morningstar.com.tw
讀者服務專線	04-23595819#230
郵政劃撥	15060393（知己圖書股份有限公司）
印刷	啟呈印刷股份有限公司

定價 350元
ISBN 978-986-5529-32-1